JN046813

edizione riveduta

La Bibbia meccanica di

Ferrari

Libro
1
Testo

Hirasawa Masanobu

KODANSHA

今はなき友　N・Yに
M・Hに
K・Sに

増補改訂

フェラーリ メカニカル・バイブル

平澤雅信

Libro

1

Testo

講　談　社

はじめに

per primo

2017年の7月に、前著である『フェラーリ・メカニカル・バイブル』が発売され、それから4年以上の月日が流れた。紙媒体の出版物を刊行できたことは私にとって大きな出来事だった。

発売された当初は、出かけた先などに本屋さんがあると立ち入って、並んでいるかどうか確認したり、Amazonのランキングを毎日チェックしながら一喜一憂したりと、完全に舞い上がった状態だったのが懐かしい。その後は、自分が想像していたよりも反響が大きかった。それも、一時期にどっと増えるわけではなく、長い期間継続して問い合わせや連絡が少しずつ増えている。これが本という媒体独特な現象なのだろうか、「増補改訂版」を執筆中の2021年が暮れようとする現在でも、「本を読みました」と、問い合わせ頂けることに驚いている。

まさに前著のあとがきで述べた通りで、書き下ろしの単行本と、日々現れては埋没していくネットや雑誌の記事では、存在の重みがまったく違うことを実感した。そう思うようになったのは、たまに依頼を受け執筆したネットや雑誌の記事とは反響の仕方が違うからだ。また、当たり前のことだが、一度世に出たものは訂正が利かないことも本の特徴であり、書く側にとっても後からこうしておけばよかったというのは通用しない。後に簡単に訂正ができるネットの記事よりも、大げさな表現でなく責任の重さを噛みしめながら、一字一句を吟味し推敲することが重要であると、改訂するにあたり強く思った。

現在でも、私の本業は変わらずメカニックであり、進化する電子制御や新しい症例に悩みながら対応しているうち、あっという間に4年間が過ぎてしまった。もうそんなに経つのかと、月日の過ぎる早さに驚いている。

おかげさまで多くの方々に読んでいただいたようで、今回、増補改訂版のお話を頂いた。改訂作業に取り組むにあたり、まずは自分がかつて書いた原稿を読み直すことから始めた。一通り目を通して感じたことは、他人事のようだが、まあよく書き上げたものだということだ。再編集の方向性は、例えば第零章のようにざっくりと全般を解説する箇所や、相変わらずトラブルで困っての問い合わせが多いF1システムの故障診断などは、分量は多いのだがそのまま残した。いっぽうで、なにぶん初執筆ゆえ力んでいた箇所や、重要度が低い事柄を冗長に解説している箇所など気になった部分を削除し、その後に得た情報などは惜しみなく追加した。全体を滑らかに、かつ完成度を高めた内容にしたつもりだ。

前著で触れた最後のモデルは488、F12、カリフォルニアT等で、その後4年の間に812スーパーファスト、GTC4ルッソ、ポルトフィーノ、488ピスタ、F8トリブート、ローマなどが登場した。なかでもローマは小型FRクーペという新ジャンルであり、また、今後は新型SUVや、V6モデルの噂もつきない。フェラーリも他メーカーと同様、ラインナップの多様化が着実に進んでいることを感じさせる。

私が業界に入って30年以上になるが、その当時のフェラーリは大変信頼性が低く、新車整備でオイル漏れを直すために、エンジンを降ろして修理することもあったほどで、それから代を重ねるごとに少しずつ信頼性が増していき、458やF12以降では量産メーカーに引けをとらないまでのクオリティーを確保している。当時を知る者としては、走行性能のみならず、工業製品としても一気に進化を遂げ、他メーカーと比較しても遜色のない品質の高さを実現したことが驚きである。

さらに、メーカー保証が延びて7年間のメンテナンスが付属する現在の状況は、フェラーリも普通の乗用車のように扱うことができ、オーナーさんにとっては大変喜ばしいことだ。「フェラーリだから壊れても仕方ないです」の台詞で通っていた時代からフェラーリを触っていた身からすると、想像もできなかったことが現実のものとなっている。

そのため、ディーラーではない私の工場に入庫するのは、保証期間を過ぎ、故障が多いモデルに偏る傾向となり、相変わらず10～25年以上前のF355、360、F430が圧倒的に多く、記事もそれに比例した分量となる。それ以降のモデルは壊れにくいので、点検や車検、その他は用品類の取り付け以外での工場入庫は少なく、新しいモデルで新規追加される内容は、全体の1割に満たないかもしれない。こうした理由で、F430や599以降でエンジンを降ろすなどの重整備の写真を持っていないため、今回はイギリスのEurospares社（https://www.eurospares.co.uk/）の承諾を得てHP上の写真を何点か拝借し、解説に使わせて頂いた。同社と、その間に入って交渉にご尽力いただいた方々には、この場を借りて御礼申し上げたい。

よって本書は、機械とウィークポイントの解説という方針に変わりはないのだが、いつのまにか、信頼性が低かった時代のフェラーリを、親しみを込めながら懐古する趣旨へ変化していると、書きながら思った次第だ。

詳しい自己紹介などは前著に譲り、早速解説を始めてみたい。

La Bibbia meccanica di Ferrari
フェラーリ・メカニカル・バイブル

Indice

目次

Libro

1

Il Capitolo Zero

第零章 フェラーリ概論
Introduzione Per Ferrari

Il Capitolo Uno

第一章

エンジン

Motore

Ⅳ

エンジン関連の注意事項

Il Capitolo Due

第二章

トランスミッション

Trasmissione

II F1システム ……120

Il Capitolo Tre

第三章 カロッツェリア

Carrozzeria

Il Capitolo Cinque

第五章

足回り

Sospensione E Sistema Di Freno

Il Capitolo Sei

第六章

その他
I Altri

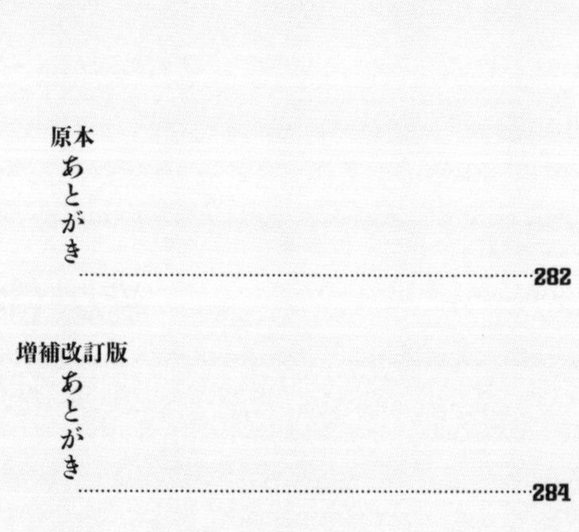

Libro

2

Il Capitolo
Zero

第
零
章

フェラーリ概論

Introduzione Per Ferrari

Il Capitolo Zero

I n t r o d u z i o n e   P e r   F e r r a r i

La Bibbia meccanica di Ferrari

1 フェラーリの長所

魅力の5要素

この章は、メカニック歴33年の経験から気付いた、「フェラーリ」すべての車に通底する特徴を述べることで、どんな考え方で車が作られているか明らかにしたい。まずは、フェラーリという車の本質に迫ることで、本書のアウトラインを形成し、その後、各章で具体例を交えながら詳述する流れとする。

まずは、なぜフェラーリは魅力的なのか？　どのような方法でフェラーリは、その魅力を実現しているのか？　このふたつの問いについて、考察していきたい。

人々を惹きつける要素を挙げると、「赤い」「デザイン」「排気音」「運転が楽しい」「速い」につきる。「赤い」は、単にボディーの塗色だが、一目でフェラーリと識別可能な伝統のため、敢えて挙げた（最近は、赤ではないフェラーリも増えているが、イメージカラーはやはり赤である）。

これらすべては、明快で分かりやすいことばかりである。その要素のひとつひとつに、究極のレベルでこだわり、かつストレートな手法で磨き抜くことが、フェラーリの車作りの基本である。さらに、F1などレーシングカーのイメージを巧みに織り交ぜ、大量生産車とは一線を画した、ハンドメイドの高質な部品をちりばめながら製作された結果、工芸品としての価値もひじょうに高くなる。

以下で具体的に、フェラーリのこだわりを検証してみたい。

イタリアン・デザインの粋

まずは、ボディーのデザインから話をはじめたい。フェラーリのデザインが素晴らしいことに異論はないだろう。

トップクラスのデザイナーだけがデザインを許されるフェラーリ。上がってくるデザイン画は、さぞかし流麗なものであろう。

しかしフェラーリの真の凄さは、デザイン原画が優れているだけでなく、優れたデザインを、そのまま車の造形として作り上げてしまうことにある。よいデザインを実現するためならば、生産性、整備性、コストなどは多少犠牲にしても構わないという思想が根底にある。

たとえば、かつての12気筒ミッドシップは、キャビンからボディー後端までを極力短くするために、エンジンは駆動系とパッケージ化され、さらに限界まで前方に搭載されたため、エンジンを降ろさなければベルト交換できないことや、いったい1台に何枚使われているか分からないほどのアルミのフィンを、手作業で貼り合わせて造形されたエアのインレットやアウトレットなど。

驚くことに、こういったデメリットがデザインより優先度が低い「多少」の範囲に入ってしまう。その位、フェラーリは本気で「形」を作り上げている。他のメーカーには決して真似できることではなく、ゆえに、車デザインの頂点に君臨し続けることができるのだ。

百聞は一見にしかず。例を写真でご覧頂きたい[Fig. 0-1–4]。

デザイン画から形を作り上げるために、手作業の職人技を駆使する手法は1980年代がピークだ。1990年代以降から現在も、手作業でしか造形できない箇所はボディー各部に存在しているが、新しくなるほど型による成型の割合は増える。デザイン自体もグラマラスな曲面と高い精度で造形されたシャープなエッジの対比へ変わっていくが、これは時代の要求に応じて、デザインの方向性と実現する手法が変化しただけである[Fig. 0-5–9]。

さらに、ボディーや内装だけでなく、細かな部品のひとつひとつまで隙がなくデザインされている。スイッチ類など、目に入りやすい小物はもちろん、普段は気が付かない箇所までこだわりは貫いている。たとえば、サスペンションに使われている馬が刻印されたボルトなど。そんな美しい部品の集合体で車が出来上がっている。

エンジンのロマン

スポーツカーでデザインの次に魅力になるのは、スピードである。ひとつの指標である300km/hを実現するには強力なエンジンが不可欠で、それが多気筒・高回転型ならば、速い上に独自性やステータス性も増す。

フェラーリがデザインの次に重視しているのは、言うまでもなくエンジンで、それもV8、V12といった、乗用車エンジンの常識を超えた多気筒だ。12個のピストンが1秒間に150回も上下し、ガソリンのエネルギーを最近では700PS（馬力）以上のパワーに変え、最高速はゆうに300km/hを超える。これだけで男のロマンである。

12気筒エンジンはメーカー誕生の1940年代から存在し、資金不足、オイルショック、年々厳しくなる排ガス規制など、数多の苦難を乗り越えて、絶えることがなかった。デザインの本気度に負けず劣らず、エンジンもこだわり抜いている。

遅れて登場したV8は当初、512BB（Berlinetta Boxer）と308、テスタロッサと348などの関係のように、同時期の12気筒をスケールダウンした廉価版のイメージが強かったが、少ないパワーゆえ、どこでも全開にできる痛快さは、V8ならではの楽しみだった。現在は、スペチアーレ（Speciale）以外で12気筒のミッドシップは生産されていないので、V8はミッドシップの運動性を活かし、12気筒とは違うキャラクターで定着している。昨今のV8のパワーは1世代前の12気筒同等にまで高められ、よりピュアなスポーツカーを追求している。

高回転・高出力というスペックだけではなく、ドラマティックに回転が上昇する演出がうまく、もっと回せと車の方から急きたてられるのもフェラーリエンジンの特徴だろう。

そんなフェラーリが持つ魅力の根源であるエンジン。一体どんな中身なのかは、本書のメインとも言える「第一章　エンジン」で詳しく解説してみたい。

運転する楽しさの追求

数あるスポーツカーのなかで、ゆっくり走ってもスポーツカーらしさを実現するスペシャル感の演出にかけて、フェラーリに勝る車はないと断言する。

仕事柄、フェラーリ以外のスポーツカーも運転する機会は多いが、いつも感じるのは、他社のスポーツカーは、ゆっくり街中を走っている時は普通の乗用車でしかないということ。特に日本車とドイツ車はそう思う。

では、具体的に何が違うのか？

まずは、エンジン音と排気音。これはスポーツカーとして、とても大事な要素だ。多気筒の高回転型エンジンに拘るだけでなく、エンジンの存在を主張する作り込みもされている。

低回転域でも、フェラーリサウンドが鳴り響くのだ。どの回転域でも、排気音はこもることなく、室内まで響いてくる。単に排気音が大きいというのではなく、意外にもゴムを多用し振動を吸収するマウント類や、実は多く使われているボディー吸音材などの効果で、余計なメカニカルノイズや振動を遮断した上で、純粋な排気音だけ抽出して聞かせているからだと思う。

さらに、V8 ミッドシップの多くはドア直後に吸気のインレットが設けられ、窓を少し開けるとたまらない吸気音もプラスして楽しめる。

ドライビング・ポジションも、まさにスポーツカーのそれだ。高く配置されたダッシュボードと低いシートポジションが相まって、運転席におさまると適度にタイト感があり気持ちが高ぶる。目線がとても低く、路面を近くに感じる。

多少重めのパワーステアリング、セミオートマシステム（F1 システム）の独特な作動、マニュアルもシフトゲート付きのため、最初は難しく感じる変速など、操作系には癖がある。しかし、習熟してこれらの操作がうまくできるようになると、楽しみは倍増する。こういった、ちょっと難しい動作を求めるあたりは、誰でも簡単を求める顧客第一主義の国産車とフェラーリを大きく隔てる部分だろう。

フェラーリは、数値化できないであろう運転時の高揚感を、車を設計・生産する上での、作り込みやセッティングの基本に据えているのだ。

普段使いの乗りやすさ

意外かもしれないが、一般的なスポーツカーのイメージよりも、フェラーリのサスペンションはソフトで、乗り心地がよい。最近ではメルセデス・ベンツの方が、体感でサスペンションの動きが固く感じられるくらいだ。比較的柔らかいスプリングを用いて、車高が低いためストロークは限られているが、そのなか最大限にサスペンションを動かす方向でセッティングされている。驚くことに、スペチアーレでも同様だ。

あと特筆できるのが、スペチアーレを除いて意外に視界がよいこと。大体の車種でフロントと両サイドのガラスは、シートに座った時の肩位置よりも下まで伸びている上、A ピラーが細く、視界を遮る面積が少ない。ルーミーという表現がピッタリで、室内は明るく、後方以外は周りもよく見える。前進だけに限れば、目線が低いだけで視界の広さは普通の乗用車と大差ない。他メーカー、特にランボルギーニは上半身にも圧迫感があり、室内も暗く感じるのとは対照的だ。

下半身のタイトさで包まれた安心感をもたらし、ガラスエリアの広さで視界を確保し、上半身の開放感をもたらしている。その上でデザインも両立させているから、作り込みのレベルは相当高い。

フェラーリの、特にV8はスパルタンなイメージだが、上記のような扱いやすさは考慮して作られている。

旧車の魅力

どの時期のフェラーリであっても、その時々の流行も取り入れた魅力的なデザインと、トップレベルの動力性能を追求しているので、歴代のモデルは時代を代表した一流の車ばかりである。だから時間が経っても色褪せることがない。駆動系やサスペンションは、現在でも年々技術レベルが上がっているので、新しいモデルほど完成度は高いが、ボディーデザインとエンジンの魅力は、新しいほどよいとは限らない。

かつてのボディーデザインは、輪切りにすると楕円のシルエット、楔(くさび)のようにシャープなノーズが特徴で、使われるアイテムも、バンパーや内装に多用されたクロームメッキや、リトラクタブルのヘッドライトなどがあり、デザイン上でも法的な制約が増えた現代の車では、もう出来ないことばかりだ[Fig. 0-10]。

エンジンもスペックだけ見れば、昔のモデルほど排気量が小さくパワーも低いが、高出力を追求した手法が時代ごとに違うので、エンジンが回るフィーリングは、それぞれ個性があり優劣つけられない。特にキャブレター車のエンジンは、大きな作動角を持つカムと濃い空燃比の組み合わせで、特有の重い排気音ながら鋭いレスポンスで荒々しく、レブリミット直前のピンポイントに向かい、回せば回すほど元気になるという、尖ったキャラクターが魅力だ。これも現代では作れない、当時の一流品である。

また、旧(ふる)いモデルほど、現在の基準ではアンダーパワーだが、低いスピードでも車と格闘しながら運転する感じが強く、最新の電子制御仕掛けのモデルとは違った趣が濃厚だ。

年式が新しくなるにつれ車が大きく重くなり、いわゆる豪華装備も増えていくので、コンパクトさやライトウエイト感、スパルタンさを求めるならば、今のモデルより F355 以前の V8 が合う。
フェラーリは、エンジンが壊れた位ではスクラップにならないので、絶対数は少なくとも、過去に生産された車が現在でも残っている比率は他メーカーより圧倒的に高く、1970 年代以前の機械的な補修部品の入手性も、意外に思われるかもしれないが、同年代の国産車よりも良好だ。
だから、過去に生産されたモデルを色々調べ、自分に合った車を選んで買う楽しみ方もある。フェラーリの場合は決して、「新車が買えない＝中古車を買う」ではないのだ。

2 フェラーリの短所

幻想と現実

ここまではフェラーリのいいところばかりを書いてきた。しかし、長所は短所でもある。以下、こだわりに起因するネガティブな部分を綴ってみたい。
上記の魅力をきわめようと特化していった結果、犠牲になった部分もある。それは、ボディー関係の工作精度、部品の耐久性、整備性だ。格好よさ追求のため、長持ちする素材より出荷時の見栄えや質感のよさを優先すること、デザインに工作技術が追い付かないこと、高性能を発揮させるため定期的なメンテナンスを前提にすること、すでに触れたが、デザイン優先で整備性が悪くなること、などである。これらはすべて、フェラーリのランニングコストをアップさせる要因になっている。
上記のなかで、ボディーの工作精度に関しては、最近は明らかに品質が向上しているので、以下に述べるボディーの話は、2000 年代以前の話として読んで頂きたい。

完成基準とコスト低減

まずは、かつてのフェラーリに顕著であった、日本車とは異なる完成基準について説明したい。
フェラーリ社は、車種を絞り高額のスポーツカーだけ生産している、特殊な会社である。量産メーカーがイメージリーダーとして単発で発表する、売れば売るほど

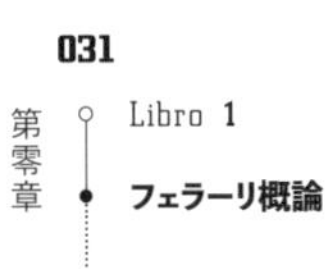

赤字になるスーパーカーとは根本的に意味合いが違い、それらと競合しながらも、スポーツカーに特化した会社として継続させる宿命を背負っている。車種が少ないだけに、売れなかった時のダメージは大きく、スペチアーレを除けば、ニューモデルの投入は毎回背水の陣とも言える。高額スポーツカーの選択において筆頭であり続けることが、自身の存続に不可欠なのだ。

そのため、魅力の部分で述べた「分かりやすさ」は徹底して追求するいっぽうで、抜くところは抜き、限られた手間のなかで車を完成させていたと言えるだろう。

その傾向はF355以前が顕著で、昔ほど、「抜く」部分に関して低い完成基準でOKにすることが、結果としてコスト低減方法になっていた。それらは、特に1980年代以前のモデルで、工作機械の加工精度、鋳物の品質、ボディーの手作り感などに見て取れる。

大量生産する現代の車で、原価に占めるウエイトで大きいものが、型代、工作機械などの生産設備や、品質管理に関するものだ。

1980年代以前のフェラーリは、その投資を抑え、人の手を多用することで原価低減を図っていたようだ。

たとえば、鋳物は砂型、ボディーは板から叩いて作るとすると、そうして製作された部品の原価は、乱暴な計算だが、材料代＋人件費になり、大量生産と比べ設備投資の費用が圧倒的に少なくなる。

特に外装は、それを逆手に取り、たとえば、叩いて成形したアルミの外板や手貼りのFRPなど、軽量だが量産に向かない素材の採用や、何十枚ものフィンを並べて貼り付けたエンジンフードなど、製作に手間はかかるが、他のメーカーではできない手法や造形の多用が可能になる。

ということは、「生産技術＝現場で製作する人たちの力量」なので、どんな素材でもデザインでも、その職人たちが加工できれば採用できるということだ。マグネシウムの鋳物やカーボン素材まで取り扱うため、その職人集団の力量は相当なものである。

熟練工による製作とはいえ、どうしても人の手で作る歪(ゆが)みがあり（それが魅力でもあるのだが）、量産メーカーの品質基準からすれば、問題ありとされるだろう。逆にいえば、量産メーカーがフェラーリのようなデザインの車を作ろうとしても、手作りに頼る部分の品質が担保できないことになる。もし品質を上げようとすると管理に膨大な手間が発生し、はてしなく原価が上昇するので、真似をしたくても出来ないはずだ。

こういった手法で、ながらく車両価格は抑えられ、12気筒は2000万円台後半、V8は1000万円台半ばという価格設定が、1970年代から2000年代前半まで続いた。ほぼ30年間にわたり、車両価格が大きく変わらなかったことは驚きである。

しかし、F430や612登場以降（ともに2004）は、その半ば伝統と化した価格設定は終わり、新モデル登場のたびに車両価格アップが前提となる。これには興味深い法則がある。360チャレンジストラダーレ（Challenge Stradale）とF430、430スクーデリア（Scuderia）と458 Italia（以下、458）など、モデル末期に登場した限定車と次期モデルの価格設定がほぼ同じになることだ。

最近はモデルチェンジのたびに、車両価格はV8の場合、数百万円単位で上昇している。その理由を考えながら車を観察した結果、手作業ばかりに頼らず、工業製品としての品質を他の量産メーカーのレベルまで引き上げるため、大幅に増えた生産設備の投資額を、生産台数で割った結果であるという結論に思い至った。

アルミフレーム採用後（360Modena〔以下、360〕、1999）、ボディー関係の工作精度はF355以前とは比べものにならないほど上がり、ニューモデル登場のたびに進化し続けている。

その理由は、生産台数を多くする方向にシフトしているのか、従来の職人技を駆使した手作業に頼る方法が成立しなくなってきているのか、また両方かもしれない。

ハンドメイドのデメリット

では、ハンドメイドで製作されたボディーには、どんなデメリットがあるのか？ここでは代表的な事柄を選んで解説してみたい。旧いモデルばかり例に挙げるのは、当時の手法は現在のモデルにも多少なりとも残っているので、当時の極端な例を挙げ検証すれば、フェラーリの根底にある、ハンドメイド部品の品質に対するコンセンサスを理解できるからだ。

面積が大きいボディー外板などの部品は、手作りでは精度が確保できず、組み立てながら辻褄を合わせる修正作業が多い。それゆえドアや脱着式のルーフなどの開

閉部を完全に密封するには至らないことがあり、それが原因で不具合が起こる。

たとえば雨漏りや走行風が室内に侵入することで起こる風切り音。ボディーと取り付け部分のクリアランスが一定でないために起こる、ダッシュボードの軋みなど。

手作りの外装部品は、部品として完成した状態でも、大体同じような形をしているといった程度の仕上がりで、交換時には削ったり形を修正したりは当たり前という、量産車では考えられない膨大な手間が発生する。バンパーのように簡単に交換できそうな部品も同様で、取り付け前に新品部品を塗装してはいけないレベルである。

こういった問題が解消されるのは360以降であるが、溶接痕を削り落としてから塗装する箇所は、現在のモデルでも存在するので、昔ほどではないにしても手間はかかり、それがフェラーリの鈑金修理は部品代だけでなく工賃も高い原因となっている。

要は、手作業でしかなしえない造形で格好よいのだから、多少のことは仕方がない。補修にも、組み立てた時と同様の職人技が必要ということだ。

部品の耐久性について

次に、部品の耐久性について説明したい。大体どのモデルでも、耐久性が低くウィークポイントとなる部品が存在しているが、それには理由がある。

エンジンは、定期的にメンテナンスし、部品交換することを前提に高性能を実現している。性能を落として長寿命にするのではなく、部品のライフが短くなることには目をつぶった、レーシングカーの発想に近い。今までの経験からすると、360以前のV8で高回転を多用した場合、エンジン本体の圧縮落ちなどで分解整備が必要になる節目は、ずばり50000kmだ。一般的な乗用車では考えられない距離である。

理由は単純で、一般的な乗用車の1.5倍も高速回転するエンジン内部は、同じ走行距離でもピストンリング等の部品は、1.5倍以上のペースで摩耗するからだ。

また、「高出力＝発生する熱が多い」ので、エンジン周辺に使われている、ゴムや樹脂で出来た部品の寿命も短い。

続きは「第一章　エンジン」で詳述するが、常用で8000回転オーバーの高出力エンジンを作るのは大変なことで、それと引き換えに定期的な分解が必要なのは仕方がない、ということだ。

内外装の部品は、新車時の見栄えを優先し、後の耐久性まで考慮されてない素材を選択する傾向である。

代表的な例を挙げると、前後グリルやボディー下部など、艶消し黒で塗装してある部分、室内のスイッチ類、最近ではエンジンルームのカーボン部品など。これも「第三章　カロッツェリア」で詳述するが、いずれも新車時の美しい状態を保てる期間は短く、特に屋外保管すると劣化が激しい。

艶消し黒の塗装やカーボン部品は白っぽく変色し、スイッチ類は表面の塗装が溶け出しベタベタになる。

最初の状態が端正で美しく、また目に付くところだけに、劣化した時のギャップは大きく、痛々しさは他メーカーの車の比ではない。

修復するには、一般的な車よりも早いサイクルでの再塗装や高額部品の交換を伴い、これもメンテナンス費用が嵩(かさ)む要因となっている。フェラーリは単なる道具ではなく、美しい工芸品でもあるので、最高の状態をキープしたいオーナーさんが多いため、お金がかかる側面もある。

また、使用環境の違いに対応できる幅が少なく、開発時の想定よりも高負荷になり、部品の寿命が短くなるケースも挙げられる。地方の高速道路をメインに走る環境の車は、走行距離の割には傷みが少なく、都市で渋滞が多い環境では、トラブルが多くなる傾向がある。

どのメーカーでも、さまざまな使用環境を想定しながら車を作っているはずだが、フェラーリの場合は、さほど気温や湿度が高くない環境で高速走行して最適なように仕立ててあり（メインはヨーロッパやアメリカ）、暑さや湿度に関しては想定の幅が広くない。

たとえば、高速走行（＝走行風が強い）に合わせた小ぶりのラジエーター、渋滞では能力不足気味のクーリングファン、エンジンルーム換気の構造などに見て取れる。この傾向は、F355、456、550シリーズ等、特に1990年代のモデルに顕著で、2000年以降は年々改良されていく。

日本の夏は高温多湿で、道路は渋滞が多く平均速度も低い。そんな本来の想定を超えた環境で使われると、元々エンジンの発生する熱量が多い上、走行風によるエンジンルーム内の冷却が十分に行われず、熱に弱いゴムや樹脂部品の寿命をさらに短くしてしまう。

湿度に関しては、ボルト類など鉄製部品の防錆処理を本格的に行うようになったのは、360以降からである。

この例については、普段の取り扱い方で劣化を抑えることもできるので、章を改め解説してみたい。よかれと思っていたことが実は車をいじめている例が多く、驚かれるかもしれない。

他にも、少量生産ゆえの宿命か、作り込みが甘く信頼性が低い部品も存在する。これは外見では不具合が分からない電気部品、それもエアコンのコントロールユニットなど、BOSCHなどの大企業でないメーカーが作った、フェラーリ専用設計の品に見られ、原因は、設計時に想定する「IF」の数が足りないことだ。

たとえば、コントロールユニットがモーターを直接駆動する構造で、モーターの経年劣化で電流が多くなることを想定せず、モーターが駄目になると出力ICがショート状態になり、コントロールユニットまで巻き込んで壊れることや、メーター液晶部の接続や照明が振動に弱く、表示不良を起こすなどが代表例として挙げられる。

これらの場合ユニット交換になると、専用設計で少量生産の部品ばかりなので、例外なく部品代が高額になり、これも修理代が嵩む要因の一つである。

続きは「第四章　電装系」で詳述したい。

フェラーリのメンテナンスに、お金と時間がかかる（イメージ）のは、上記のデメリットが複合した結果である。

要約すると、定期的に分解することが前提の上に、諸々の理由で弱い部品も存在するため、メンテナンスの機会が多いにもかかわらず、性能やデザイン優先で付け外しが困難な部品がなかには存在し、取り付けや調整に職人技が必要な箇所もある。ということで、同じフェラーリを長く乗り続けるには、メンテナンスは避けては通れない。

噂話のウソ・ホント

本章を終えるにあたって、よくある噂話についての私なりの回答をしておこう。これから各章を読み進んで頂ければ、噂の真偽は自然と分かるよう構成しているつもりだが、代表的なものに関しては、ここで触れておきたい。

フェラーリは壊れる？ ………………… とにかくよく「フェラーリは壊れる？」と聞かれる。ウィークポイントの大まかなところは上記で述べた通りで、確かに丈夫とは言えないのだが、誤解されている部分もあるので、その点は追加で述べてみたい。

本来は旧車扱いされるべきモデルが、現在の車と同じ感覚で扱われるため、壊れるイメージになっている例が多いのが、フェラーリならではの現象である。

2021年現在、F430の登場から丸15年以上、F355になると最終型でも20年を超えている。20年超ともなれば、クラシックカーの領域に差し掛かる年数だ。

普通の車なら、生産から10〜20年も経てば、どのメーカーの車でもトラブルフリーは稀だろうから、故障を修理しながら車と付き合う時期である。

フェラーリは生産から10年超のモデルでも、デザインは色褪せないため、なかなか旧い車とは認識されない。が、機械部分は10年超に応じた消耗をしているので、相応のトラブルは発生する。この感覚のギャップが、「フェラーリは壊れる」というイメージを強くする要因だという気がしてならない。

また、中古車の場合は、買った時期≠生産された時期だが、そう思われていないことで、上記と同様に認識の違いが発生するケースも多く感じる。今まで数多のオーナーさんと会話して感じたところだ。

他にも、業界の人たちがよく用いる、「フェラーリですから」という言葉は、フェラーリだから壊れて当たり前という印象を強めている。実際は、程度が悪いことを言葉だけで解決するための「フェラーリですから」なので、私は使わないようにしている。業界に関しては、他にも色々述べたいことがあるので、後に項をあらためて設けてみたい。

フェラーリはレーシングカー？………… フェラーリは、F1のイメージを市販車のデザインやメカニズムに重ねるのがうまい。前者の代表例は、F1マシンをイ

メージさせるEnzoのノーズデザイン。後者は、セミオートマにF1システムと名前を付けたことが挙げられる。

実際は、完全に乗用車として設計・生産されている車であり、「公道を走れるF1」というキャッチフレーズは、フェラーリのイメージ戦略を、的外れな言葉で表現したセールストークの類である。

本書を読み進めるうち自然と理解されると思うが、最初のうちに強調しておきたい。

その後の章で、「レーシングカーのイメージを重ねる他の例」「レイアウトに見る、専業市販車メーカーへの転換点」「F50だけは特殊で、成り立ちが当時のレーシングカーに近いこと」などさまざまな角度から、この件について触れていく予定だ。

まとめ

以上、フェラーリの魅力、デメリット、噂話で構成した本章をまとめると、「格好よさを極めた車の、格好よさ以外のデメリットを許容できるか否か」長々と書いた割に1行で足りる結論だが、そこに尽きてしまう。

もし許容できれば、車でありながら人生の幅を広げてくれる友となり得るし、許容できないのに所有すれば、そのわがままぶりだけが目に付き、疲れてしまう。フェラーリはそんな車である。

では、いよいよ各論に入って行こう。本章で述べた内容を骨子とし、各章で具体例を交えながら詳述し、本章の結論に至る経緯も説明しながら肉付けをしていきたい。

次章は当然、フェラーリの心臓であるエンジンの話からだ。

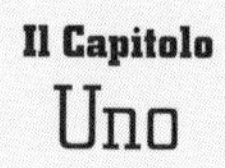

第一章

エンジン

Motore

Il Capitolo Uno

M o t o r e

はじめに

最近めっきり少なくなったが、20年前までの私は、平均するとほぼ毎月、フェラーリのエンジンを降ろし、分解組み立てを行っていた。

それが仕事の大半だった。そこから、さらにピストンやクランクまで取り外す、いわゆるオーバーホールを手掛けたエンジンは、正確にカウントしていないが30基を超える。

それがはたして多いのか少ないのか自分では分からないが、それなりにエンジン内部の部品ひとつひとつまで観察を重ね、フェラーリは一体どのようなエンジンを作るのか、理解に努めてきたつもりだ。そんな自分の集大成という意味も込めて、私の知る限りをあますところなく本章では綴ってみたい。

また今回の増補改訂では、前著で扱いのなかった488を追加した。そして、「5モデル別エンジン④（続その他）」を新たに設け、Dino206／246GT、「旧世代のターボエンジン」として288 GTO、308ベースの208ターボ、328ベースの208ターボ、F40など、「新世代のターボモデル」では、最近のカリフォルニアTなどのターボについて述べた。

なお、カリフォルニアから始まるV8FRについては、独立した項を設けると解説が重複してしまうため、V8ミッドシップの同系統エンジン（カリフォルニア→F458　カリフォルニアT以降→488）を参照いただきたい。

I

エンジンの構成

フェラーリエンジン概説――かつては保守的で基本に忠実、そこから一転する

フェラーリエンジン最大の特徴は、高回転・高出力である。それも、1970年代から8000rpm近くが常用回転という、並外れた性能である。

フェラーリエンジンは、レーシングカーの手法をところどころに用いて、高圧縮・高回転を追求する設計と、軽量かつ強度が高い材料や製法の採用、高い加工精度など、エンジンを構成している部品全体のレベルを高くすることで、高出力を実現させている。

意外かもしれないが、エンジン本体の設計は、可変制御など目新しい機構の採用は多くなく、現行のターボエンジン登場以前の設計思想は、慎重と言えるほど保守的であった。気筒数が多いため必然的に部品点数も多く、一見複雑そうに見えるが、基本に忠実で合理的な構成である。

ひとつ例を挙げると、エンジン内部を電気的に制御するシステムが導入されたのは、可変バルブタイミング機構で、2000年代の**360Modena**（以下、360）以降からである。

日本車は1980年代終盤から、可変カムのVTECなどの機構を競って採用したのと単純に比較すると、10年以上の差がある。この点からも、冒険をしない設計思想が理解できる。バルブタイミング以外の可変機構は、現在でもインテークマニホールドとマフラー通路の切り替え程度だ。その後、カリフォルニアTから始まるV8ターボエンジンからは一転し、エンジン本体をコンパクトにまとめることが第一とされ、そのデメリットである部品点数の増加やメンテナンス性悪化には目をつぶり、高度かつ複雑な設計で目的を実現している。

では、具体的にどのような手法で高回転・高出力を実現しているのか？　以下順を追って解説してみたい。

エンジン部品の素材と加工精度

エンジン性能向上への情熱は、商売抜きに感じられる部分があり、さり気なくチタンやマグネシウムなど、高価だが軽量な材質の部品を使い、製法も鍛造が多いなど、手間をかけている。以下、特筆できるものを選び、具体例を挙げてみよう。

クランク…………………………………… 軽量で丈夫な鍛造品を使用している。丈夫さは特筆もので、私の経験ではコンロッドボルト破断等で衝撃が加わっても、再使用可能な例があった。40年以上前のコロンボエンジンを分解した時も、メタルとの当たり面が1/100～2/100mm摩耗しているだけで、加工や修正は不要で使えたほどだ[Fig.1-1–2]。

カムシャフト …………………………… 鍛造品の中空構造で、軽量かつ高剛性。内部の空洞は、カムを潤滑するためのオイルラインも兼ねている[Fig.1-3]。

エキゾーストバルブ …………………… 1970年代からすでに、溶着で組み立て成形されている品だった。さらに、ステム部分が中空で、内部にバルブ冷却用の金属ナトリウムが封入されている[Fig.1-4]。

シリンダーヘッド ……………………… 吸排気ポートや燃焼室は、私の知る限りのすべてのモデルで、形状を手仕上げで整えてある[Fig.1-5–7]。

2バルブの頃は、単に内部の凸凹を落とした程度で、マニホールドとの段差までは気を遣っていなかったが、**308クワトロバルボーレ**（以下、308QV）で4バルブ化されて以降は、吸気側の段差を仕上げる精度が格段に向上している[Fig.1-8]。

ただ、インテークとエキゾーストのポートの仕上げ方には差がある。インテーク側は、形状までしっかり合わせるなど、かなり手間をかけてあるのに対し、エキゾースト側は鋳肌の凸凹を落とす程度で、さらっと磨いただけの仕上げである[Fig.1-9]。

手仕事による仕上げだから多少のばらつきはあり、作業した人の癖も出る。生産時の研磨工程で、ポートを研磨する道具を押し付ける力が片寄ったために出来た、溝のような痕跡を、自分でポートを削り直している時に発見すると、当時エンジンを組み立てたイタリアの職人さんに対して、仕事の人間臭さを感じ親近感が湧く[Fig. 1-10]。

フェラーリエンジン内部は、高度に機械化された設備で加工するイメージを持たれているかもしれないが、なかにはこんな人の手を感じる部品もある。

シリンダーライナー……………………4バルブ化以降は、シリンダーライナーにニカジルメッキが施されている。これはバイクのエンジンでよく使われていた、アルミ素材のシリンダーの摩耗を防ぐためのメッキだ。フェラーリではアルミライナーの頃(308QV、328、テスタロッサ等)はもちろん、F355以降の鉄材質ライナーにも、このメッキが施されている。2バルブ時代は、これといった摩耗対策をされないまま8000rpm近くが常用回転だったので、現在のモデルより圧縮が低下するペースは早い[Fig. 1-11–12]。

ピストン…………………………………2バルブ時代のピストンは、熱膨張防止の鉄製リングが入ったアルミの鋳物で、4バルブ以降は、軽くて丈夫なMAHLE(マーレ)社の鍛造ピストンが使われている(マーレ社はF1用ピストンのシェアNo.1メーカーである。軽量のアルミ鍛造素材で高回転・低振動を実現する)。この鍛造ピストンは熱膨張が大きいので、冷間時のクリアランスを大きく設定するのが特徴だ[Fig. 1-13–14]。ピストンスカート部分で0.1mm弱、ピストントップでは0.5mmくらいある。この値は一般的な乗用車エンジンの2倍くらいになり、フェラーリがエンジン始動時にマフラーから煙を多く出す原因のひとつだ。

マーレ社製の高品質なピストンをさらに選別し、寸法ごとにグレード分けしている。ライナーとピストン間クリアランスのばらつきを、1台当たり1/100mm以内に管理するためだ。

コンロッド………………………………1990年代半ばから2000年代前半にかけ

て(F355、F512M、F50、550系、360等)チタン材質が採用されている。F355のエンジンを初めて分解して、このコンロッドと対面した時は感動だった[Fig.1-15]。これは軽い。ひょっとすると、1990年に誕生した本田技研工業のNSXで、市販車に初採用されたチタンコンロッドに刺激を受けたのかもしれない。

私の知る限りすべてのモデルで、コンロッドは重量の選別を行いグレード分けされ、1台分あたりの重量差は4g以内に抑えられている。

小端部のブッシュ内側には、オイル通路の溝が彫られているのも特徴である。

観察すればするほど、コンロッドは高回転化のノウハウがいちばん詰まっている部品に思える。

大まかだが、使われている部品の高品質さは、以上の解説と写真で理解して頂けると思う。カタログでわざわざ謳わなくとも、さらりとエンジン内部を高品質な部品で固めているのは、きっとレーシングカー屋としての意地だ。

以下は、フェラーリエンジンに共通した気になる点を述べてみたい。

エンジン内部で量産志向な部分

吸排気バルブとバルブシートの当たり方は、前々から気になっていた。この部分は量産車と同じように、バルブシートをカットする角度に対してバルブフェースのカット角度を若干変え、すり合わせをしなくても線密着する、生産性優先の加工方法になっている。

この方法は、初期の密着は簡単に出せるものの、当たり面が摩耗して当たり幅が広がってくると、特にエキゾースト側でカーボンの噛み込みが起きやすいのが、デメリットである。

カーボンを噛むと密封性が悪くなるので、各気筒間で燃焼にばらつきが生じ、エンジンの振動が増えてくる。さらに症状が進み、完全にバルブとシート間に隙間ができると、その隙間に高温な排気ガスの流れが集中するので、バルブが溶ける原因になる[Fig.1-16]。

エンジン内部では、他のところは厳密に寸法管理し、ポートを手作業で仕上げる手間は厭わないのに、なぜここだけは手間をかけないのか訝しい。

だから、私がエンジンの分解組み立て作業を行う時は、インテーク、エキゾーストともに当たり幅の寸法を指定し、角度も揃えて削り直すようにしている。

耐摩耗性よりも性能を優先する部品

上記で触れたシリンダーライナーの他にも、たとえばF355前期までに使われている、銅ベースの合金製バルブガイドは、熱伝導率が高い(=放熱性がよい)ので、バルブ冷却効率がよい半面、すぐに摩耗する欠点を持つが、冷却性と耐焼き付き性の重視で採用されていた[Fig. 1-17]。

最高9000rpm前後のレベルで高回転化する前提があり、そのためフリクションを極力少なくしながらの耐久性確保という、そもそも市販車のエンジンとしては難易度が高いことを実現させようとしているので、普通のエンジンよりも消耗が早いことは仕方がない部分もある。

次は、簡単にエンジンの歴史や種類について解説してみたい。

II

V8編

1 V8の歴史

ボアアップとストロークアップの繰り返し

1970年代に登場した308から、2004年まで生産された360に至るまで、エンジンの骨格となるシリンダーブロックは、延々と基本設計が同じであった。

その期間に誕生した、288GTO(1984～1986)やF40(1987～1992)のV8スペチアーレも例外ではなく、308エンジンをベースに低圧縮化し、ターボを装着した構造である[Fig. 1-18]。

ターボエンジンに関しては、別の項で解説してみたい。

V8シリーズ最初のエンジンは、まだフェラーリではなく、Dinoブランドだった時代の308GT4（1973～1980）まで遡る。

90度V型、ボアは81mm、ストロークは71mm。同時期の365BB（1973～1976。水平対向のV12）と同じボアストロークである。骨格部分の寸法を共用し、開発時間を節約したと想像できる。

DOHC2バルブで半球形燃焼室、キャブレターはウェーバー社（イタリアの名門キャブレターメーカー）のツインチョークが4個装着されていた。

興味深いのは、横置きエンジンの時代は328まで続いたが、308エンジンが登場した時点で、エンジンを縦にも搭載できるよう、シリンダーブロック横にエンジンマウントブラケット取り付け用のステーが鋳込まれていたことだ。

288GTO登場までの10年間は、このステーが使われることはなかったので、308を開発している時に、エンジン搭載を縦にするか横にするか決定するまで時間がかかったのか、それとも縦置きの新型車をすでに想定していたのか。その理由が気になるところである［Fig.1-19］。

ここで360までの、大まかな変更箇所を辿ってみよう。

308GT4 → 308GTB（ほぼ同じ）→その後ウエットサンプ化
→ 308GTBi（インジェクション化）
→ 308QV（4バルブ化）
→ 328GTB（ボア、ストロークアップによる排気量変更）
→ 348（ボア、ストロークアップによる排気量変更、縦置き搭載、ドライサンプの復活）
→ F355（5バルブ化、ストロークアップ）
→ 360（ストロークアップ）

新しいモデルになるたびに、ボアアップとストロークアップを繰り返し、348まではボアアップ＋ストロークアップで200cc、それ以降360まではストロークアップで100ccずつ排気量を拡大していった。

ということは、この伝統の308系シリンダーブロックは、ブロックにライナーが嵌（は）め込まれている方式なので、ボアを広げるたびにシリンダーライナーは薄くなり、ボアが85mmでシリンダーライナー強度が限界となる。ちなみに手持ちのボア85mmライナーの厚みを測ったところ、いちばん薄いところで2mm厚だった。

ボアが2mm小さい328までは、アルミ製のシリンダーライナーが使われていたが、ボアが85mmになった348以降では、ライナーが薄くなった分を材質で強化したため鉄になった。シリンダーライナー内部のニカジルメッキは、どちらの材質でも共通である[Fig. 1-20–21]。

次節では、車種ごとにエンジンの特徴をみていきたい。

ここではまずNAモデルについて解説し、ターボモデルである、古くは288GTO、F40、208TURBOや、最近の488、カリフォルニアTのターボエンジンについては別項を設け解説をするつもりだ。

2 モデル別エンジン

308

少し前のフェラーリV8エンジンの原点とも言える、この308GT4や、308GTB初期型は、まるで同時期のバイクのエンジンのようなレスポンスだ[Fig. 1-22]。いかにも濃い空燃比の、重い排気音だが吹け上がりは鋭い。フェラーリ同士のレスポンス比較でも、V8でこのエンジンを上回るのはF355を待たねばならなかった。

308は10年間生産された上、モデルが継続している途中に大きな排ガス規制を受けたので、エンジンのバリエーションが多い。

ファイバーボディーと呼ばれている初期型から、ウエットサンプで鉄ボディーになった仕様、アメリカの排ガス規制に適合させたUS仕様、インジェクション化された308GTB（GTS）i、これらが2バルブエンジンのバリエーションだ。

ヨーロッパ仕様のキャブ以外は、厳しくなった排ガス基準に対応するため、カムの作動角が少なく圧縮も下がっているので、大幅にパワー、レスポンスともにダウンしている。初期型と2バルブ最後のインジェクションを比べると、実測で50PSくらいは違うはずだ。ボディーやエンジンの外観は、ほぼ同形状なのに、年式や仕向け地の違いで、これだけパワーが違う車種も珍しい（だから、購入時には仕様の確認が必須である）。

308の最後は、名前の通り4バルブ化された308QV。2バルブと比べて4バルブは効率がよく、これで排ガス対策に追われたフェラーリ受難の時代から抜け出す第一歩になる。また、308QV以降、エンジンの加工精度が一気に驚くほど向上した。

328

308QVも328も、補機も含めたエンジンの外観は似通っている。吸気のサージタンク形状と、328ではインジェクションにアイドリング制御が追加されたことが主な違いである[Fig.1-23]。

328は排気量アップで、308QVより全回転域でトルクが増えた。

今となっては速い車ではないが、最近のモデルはエンジンの性能を使い切ろうとすると、とんでもないスピードになってしまう。バインバインという音で軽く吹け上がる独特のフィーリングと、200PS台後半という適度なパワーで、どこでも全開走行を楽しめるのが328エンジンの持ち味で、現在でも充分魅力的である。

328も、ヨーロッパ仕様、US仕様、スイス仕様の、大まかに3バリエーションがあり、パワーは、ヨーロッパ仕様＞US仕様＞スイス仕様の順になる。パワーが大きい仕様ほど、圧縮比が高くレスポンスがよい。ヨーロッパ仕様とスイス仕様では、308同様パワー差が大きい。ちなみに日本のディーラー車やアラブ仕様は、US仕様のエンジンが使われている。

この年代になると、ディーラー車のメリットは少ないので、購入の際はヨーロッパ仕様をお勧めしたい。

348

348からエンジンは縦置きになり、フォーミュラーカー同様エンジン後ろにミッションが位置する、オーソドックスなミッドシップのレイアウトになった[Fig.1-24]。

潤滑方式はドライサンプになり、さらに、ピストン裏にオイルを噴射し冷却するためのノズルが追加された。以降のミッドシップモデルは、すべてドライサンプになる。

それまでは、回せば回すほどトルクが増えていく、高回転エンジンの見本のようなキャラクターが、348では変化する。

モーターのように回るエンジンで、328と比べて中速のトルクが厚くなった印象を受ける。シャフトが横置きされた独特なミッションの関係で、振動対策のためフライホイール重量が328の4〜5倍になっていることが、大きくキャラクターが変わった原因と思われる。

バリエーションは生産時期により、大まかに3タイプある。

初期型は、インジェクションがBOSCH（ボッシュ）製のモトロニック2.5だった。それが中期では、スロットル開度による制御が緻密になったモトロニック2.7になり、その後、車名が348ts/tbからGTS/GTBへ変更になった最終型では、パワーの公称値が20PSアップしている（シャシダイナモでの測定値は、公称値ほどに違いはなかった）。

年式が新しくなるにつれ、気温が高い時のエンジンストール、始動性、オルタネーター出力不足への対策が施されている。

348のエンジンは、部品点数減の試みがされている。これも従来と大きく異なる点である。最大の変更点は、カムシャフトを駆動するための部品点数で、348だけは長いタイミングベルト1本で駆動されている。

タイミングベルトは、348以前も以降も2本だ。308〜360までの同系統エンジンのなかで、348以外はクランクとタイミングベルトを回すプーリーの間にギアが1個挟まれるので、クランクとカムは逆方向に回転する。が、348のカムだけは、クランクと同方向に回転するところも特殊である。

この構造が、部品の交換サイクルを短くする原因になっている。詳しくはウィークポイント解説をご参照いただきたい。

348エンジンは、V8フェラーリエンジンの歴史における特異点だ。

F355

348を、とにかく高回転化したエンジンである。ターボを付けたわけでもなく、決して348までのエンジンも手を抜いていないのに、100ccの排気量アップで60PSの出力アップを実現している［Fig.1-25］。

8500rpmからのレッドゾーンは、ハッタリでなく常用回転である。低いギアなら一気にそこまで吹け上がり、リミッターは8750rpmから作動する。

エンジン内部でいちばん大きく変わったことは、5バルブ化されたことである。すでに5バルブは過去の技術になってしまったので、その意味でも貴重なエンジンだ。

インテーク側のバルブ3本は放射状に配置され、テーパー加工されたカムで直押ししている。高い加工精度でシンプルな仕組みに仕上げる、フェラーリエンジンらしい部分である。

3本のうち真ん中のバルブは、両脇のバルブと作動タイミングが10度違い、混合気に渦を作り攪拌しながらシリンダーに送り込む役割をしている[**Fig. 1-26–27**]。

タペットは、クリアランスを油圧で自動調整するタイプになり、以前のモデルではタイミングベルト交換時の標準作業だったタペット調整が不要になった。

他には、チタンコンロッド採用による往復部分の軽量化、8連スロットルの採用で、レスポンスの向上と、348で悩まされ続けたエンジンストールの根本的な解決を図っている。高回転化による性能向上を機械的な事柄だけで目指した、志の高いエンジンである。

ただ、348同様、フライホイールを重くせざるをえなかったのが残念な点である。通常の重さのフライホイールだったら、まだまだレスポンスを上げられるだろう。

タイミングベルトの厚さが増し強度が上がったことと、タイミングベルトオートテンショナーの採用により、ベルトが多少伸びても張りを自動調整するようになったので、従来のモデルよりタイミングベルトの交換サイクルが伸びた。といっても、4年ごとの交換指定である。

F355のエンジンは、年式によりパワーと信頼性がまったく違う。

パワーは年式が新しくなるほど下がるのに対して、信頼性は最終型に近づくにつれて上がっていく。

最初期型のF355エンジンは、当時のフェラーリが大体カタログデータから1割引きくらいの実馬力だったにしては珍しく（?）、カタログデータに近いパワーが出ていた。

あと、1994年の発売時点では量産体制が整っていなかったのか、ところどころワンオフと思われる部品が付いているのも特徴だ。なかでも、簡易的な鋳型で作ったと思われる、マグネシウム製のクラッチハウジングには驚いた。その部品は、後のモデルには一切装着されていない幻の部品だ[Fig. 1-28]。

このエンジンは、パワーは出ていたものの気難しく、とにかくプラグがかぶりやすい。何週間かエンジンをかけないでいただけで始動困難になってしまい、エンジンが始動した後でも、10km ほど走行してようやく、バラバラいうエンジンのミスファイアーが収まってくる。まるでキャブレター車のようだ。

さすがに、それはよくないということになったらしい。最初の二百何十台かの後は、すぐにカムのプロフィールが変わり、エンジンは多少おとなしくなり、気難しさは消えた。実馬力は 340 ～ 350PS くらいが多かったので、平均で 20PS 程度パワーが下がったことになる。それが、ごく初期を除く PA ～ PR まで続く(ちなみに F355 を分類する時に使われている、PA、PR、XR というのは、ZFF から続くフレームナンバーの上から 4 桁と 5 桁目のこと)。

その後、1996 年の秋から XR になる。

そもそも XR とは、1997 年から厳しくなったヨーロッパの排ガス規制に対応するために、全般的に空燃比を薄くエンジンを回し、その結果起こりやすくなったノッキングに対応するため、ノックセンサーとノッキング制御を追加したタイプである(当時のセールストークで「XR シャーシです」と言っていたが、そもそもシャーシは関係ない話だ)。

パワーはさらにダウンして、320 ～ 330PS 辺りが平均値だろう。

だから究極の F355 エンジンは、ごく初期型エンジンをベースにして、初期型特有のウィークポイントを、最終型の部品に交換して解決したエンジンである。

360Modena

360 は若干の排気量アップの他、可変バルブタイミングやインテークマニホールド長の可変機構など、今まで採用しなかった類の補機でパワーアップし、伝統のエンジンを延命したものだ。F355 エンジンをドーピングした印象が強い[Fig. 1-29]。

当時は、ライバル会社とのパワー競争で、かなり劣勢になっていた時期だった。特に AMG の 55 シリーズには、直線加速で敵わない。さすがにその時は、4 枚ドアのセダンにブチ抜かれるスーパーカーの存在意義とは一体何だろうと、深く考えてしまった。

F355 よりエンジン回転全域でトルクが増した。F355 は低回転のトルクが細く、回せば回すほどトルクが出てくる特性だったのが、360は低回転でもアクセルを踏むとドンと前に出る。しかもレブリミットの回転はF355と同じで、はてしなく回る。上記の補機によるパワーアップと、フライ・バイ・ワイヤ方式になったスロットルのお陰だ。

エンジンの特性が変わったことで、F355よりF1システムとの相性はよくなった。

ただ、360のフライ・バイ・ワイヤのスロットルは、後のモデルと比べて癖が強い。アクセルペダルを踏んでから遅いタイミングでスロットルが多めに開くので、360を初めて運転した時は、タイムラグが理解できず、ガクガクしてまともに走れなかったほどだ。これはしばらくしてから、アクセルペダルの開度を一定に保つよう操作すれば大丈夫と気が付いた。

エンジンのメンテナンス性は、今までのフェラーリと比べて劇的に向上した。室内からエンジンのメンテナンスリッドが開くようになっているので、タイミングベルトも含むたいていの消耗品交換のメンテナンスなら、エンジンを降ろさずにできてしまうのが、348やF355からの大きな進歩である。

ストラダーレで公称出力が20PSアップし、実際ストラダーレの方が加速はよいが、これはエンジンのパワーアップより軽量化の恩恵である。

F430

30年ぶりに新設計のエンジンが登場し、やっと348からの悲願であっただろうボアの拡大(92mm)が実現した。360までは85mmだったから、一気に7mmのアップである。そのためエンジン外寸や内部のパーツまで、全体的にサイズが拡大された。これまでの、308エンジンをベースに、内部の寸法を限界まで削り排気量をアップしていった手法と比べると、余裕があり伸びやかで、全体に大柄になった部品からは武骨な印象も受ける。

また、カムはチェーン駆動となり、定期的なタイミングベルト交換から解放されたのも、このエンジンからだ。

360までのフェラーリは、実はカタログ馬力と実馬力に結構な差があり、昔に遡るほどパワーを水増しして公表していた感がある。F355以前は大体1割増しのイメージで、1970年代排ガス規制が厳しくなった受難の時代に生産されていた車種、たとえばアメリカ仕様のキャブレター車や、512BBiとか308GTB（GTS）iは、水増し量がさらに多かった。

F430（490PS）からは、ほぼカタログデータのパワーを出力している。だから初めてF430を運転した時は、360よりもカタログデータ以上のパワー差があり驚愕した。

F430が登場してすぐの印象は、「意外と回らない」だった。それは360までのはてしなく回るフィーリングに慣れていたからで、レッドまで一直線に回る高回転のフィーリングの良さは、360までのエンジンの美点だとも思った。

だからF430エンジンは360までのエンジンと、ちょっとキャラクターが違う。F430以降と比べてしまうと、360以前は明らかにトルクが細かったので、高回転まで回す運転が必要なのに対して、F430は全回転域でトルクがふたまわりくらいは太くなり、なおかつ若干中速寄りだから、レッドゾーンまで回さなくても速く走れてしまう。

ちなみに、エンジンのパワーには段々慣れてくる。昔はF355でも充分速いと思っていたが、最近は400PS台ではパワー不足を感じるようになってしまった。

F430エンジンは新規設計なので、開発費が今までよりも掛かった分、他メーカーの車ともエンジン部品を共用し、数を作り開発費を早く回収したい意向を感じる。

だからF430系統のエンジンは搭載車種が多い。フェラーリではFRのカリフォルニアも同系統である。F430は潤滑方式がドライサンプなのに対して、カリフォルニアではウエットサンプになっているのが大きな相違点だ。

アルファロメオの8Cも同系統エンジンである。マセラティでは、4200GT以降、2010年頃までの各車種に搭載されている。4200GTは、フェラーリでいうと360ストラダーレが現行の2003年モデルからなので、F430系統エンジンの先行搭載モデルになる。

F430系統のエンジンは、従来の308系統エンジンよりサイズも重量も増大している。具体的な数値は公表されていないが、360とF430Challengeの車重を比較して推測するに、補機も含めて50kg前後の重量増と思われる。

だが、運動性を犠牲にしないよう、F430ではエンジンの低重心化を図るための執念が並ではない。クランクキャップとオイルパンを一体部品化し、さらにオイルポンプはエンジン外の横側にオフセットさせて取り付け、ウォーターポンプと同軸のシャフトで回す構造にして、クランクから下のエンジン寸法を極限まで薄く、エンジンを少しでも低く搭載できるようにしている[Fig. 1-30]。

そうすると、次はクラッチの直径が重心を下げる障害になるので、クラッチの外径を360よりも小さくするため、ツインプレートにして容量を稼いでいる。これらはまさにレーシングカーの手法である。

360までは定期的な分解を前提にしたようなエンジンだったが、F430からは丈夫になり、私は現在までピストンやクランクを取り外すような分解をしたことがない。

エンジン内部のデータも以前ほど公開していないので、以前のフェラーリエンジンの感覚からすると、ブラックボックスのようだ。信頼性には、かなりの自信を持っていると想像できる。

やはり308系のエンジンは、旧い設計ゆえ、上昇していくパワーに対して内部の部品強度に余裕がなかったことが、エンジンに色々と問題が起こる根本的な原因だったのだと思う。

458Italia

458Italia（以下、458）は、F430エンジンのボアを2mm広げて排気量を上げ、シリンダー内直噴の燃料噴射にしたエンジンだ。直噴のシステムは、カリフォルニアが先行して採用している[Fig. 1-31]。

出力が初代フェラーリV8の2倍（590PS）というパワー。私が業界に入った時は、5リッターの12気筒でも380PSだったので、まさに隔世の感がある。

しかも、レッドゾーンは9000rpmから。そこまでキッチリ回ることにも驚き、旧い譬(たと)えだが、まさに飛んでいくような感じだ。

よく「458ってどんな車ですか？」と聞かれるが、その時は「UFOみたいです」と答えるようにしている。その理由は、強烈なパワーと人工的で独特な動きをするサスペンションの組み合わせが、今までの車では体験したことがないことから、よく言えば、車が勝手に制御してくれるので破綻せず走行でき、悪く言えば今までのフェラーリよりもドライバーと路面が遠くなった、まるで遠隔操作しているような印象

を受けるからだ。F430から直噴化された以外にも変更点は多く、例えばF430でネックであった、タイミングバリエーターの配線断線やオイル漏れに対して、根本的に対策されているなど、信頼性向上のために設計変更を厭わない姿勢がみられる。

488

488のエンジンは、かつてスペチアーレがターボだった頃と同じ印象を受ける。普段の走りはスムーズかつジェントルだが、一旦アクセルを踏むと暴力的な加速に豹変する様はF40を彷彿させ、パワーはF40のレーシングカーであったLM以上である。

冒頭に、現在は一転しという表現を用いたが、488のエンジンは、まさにそれであり、従来のエンジン設計思想を覆した構成となっている[Fig.1-32]。

先行するカリフォルニアTが登場した時は、単にF430エンジンをベースに、ターボ装着のため大幅にボアを縮小し、ストロークを若干伸ばしてスケールダウンしただけのエンジンと想像していたのだが、詳細に観察するにつれ、変更点の大掛かりさが判明していった。特に、シリンダーヘッドを攻めのコンセプトで新規設計している点に驚いた。

具体的には、カムシャフトの駆動系が従来のエンジン前端から後端に移動し、更にカムシャフトを固定するホルダーの部品を廃し、ヘッドカバーが直接カムを固定する一体構造になっていること、バルブの駆動は、従来頑なに使用されていたカムでの直押しから、ロッカーアームを介した機構に変更されたことが挙げられる。

特にロッカーアームの採用は、OHCであった275GTの初期型以来という、実に50年以上振りの出来事で、その狙いは、なるべくカム同士を近づけて、シリンダーヘッドをコンパクトにすることを最優先としたからだろう。最適なバルブ挟み角でバルブを直押しにすると、インとエキゾースト2本のカムが離れて配置されてしまう。性能とコンパクトさ、ふたつの観点から生じる寸法差は、まず直押しよりも狭くカムシャフトを配置し、足りない寸法をロッカーアームを間に挟むことで解消している。

コンパクト化を実現するには、機構が複雑化し部品点数が増えても構わないという発想である。それまでの、エンジン内部の機構はできるだけシンプルにして、部品点数を減らすことを善としていた方針から、大きな転換があった。

シリンダーヘッドとヘッドカバーの接合部には、溝が彫られて棒状のゴムでシールされている。これは、接合部を金属同士で接触させ剛性を高める手法であり、これまではF50にしか採用されていない。

これら大幅な設計変更をした意図は、増大したパワーを受け止めるため、エンジン本体の高剛性化と、シリンダーヘッド横に位置するターボチャージャーを収めるためのスペース確保、それもシリンダーヘッドから出た排気の温度が、なるべく低下しないうちにタービンに送り込むため、排気通路を極力短縮するのが目的であろう。

デメリットはメンテナンス性が非常に悪くなることだ。エンジンが搭載された状態では、カムチェーンのメンテナンスはおろか、ヘッドカバーを取り外すことすら出来ない。構造上、エンジン内部にアクセスするには、エンジンを降ろした後にミッションを切り離し、エンジン単体にしなければならない。

同様のエンジン構成でありながら、カリフォルニアTからローマまでと、488からF8トリブートまで並行して、わずか約50ccという排気量差で2種類のエンジンを作り分けている点も興味深い。

長らく8気筒、12気筒それぞれ1エンジンが当たり前だった時代からすると、昨今のフェラーリには驚かされるばかりである。

上記のように、それまではオーソドックスなエンジンとしてまとまっていたのが一転し、いきなり攻めた手法でエンジンのコンパクト化と剛性アップを図っているため、今後そのデメリットである、構造上オイル漏れしやすいことと、それを修理するには大掛かりな作業になることが大きな課題となるだろう。

3 エンジンの搭載方法

横置き

歴代のV8ミッドシップは、エンジン搭載の方法が3種類あった。

V6まで含めると、206から328までは、エンジンの下にミッションを配置し

たレイアウトを採用している。さらにエンジンは横置きなので、エンジンルーム縦方向の寸法がひじょうに短いのが特徴だ。

エンジンの真下に重ねられたミッションケースは、エンジンのオイルパンも兼ねるなど、エンジンとミッションが部品を共用し濃密に結合したことで、エンジンの重心は、ドライサンプと比べても15cmくらいの嵩上げで済んでいる〔Fig.1-33〕。

その分、機構は複雑になり、車体からミッションだけを降ろせないので、ミッション内部を分解する際は、まずエンジンとミッションが繋がったユニットを丸ごと降ろし、エンジンとミッションを切り離して、やっとミッション本体の作業ができる〔Fig.1-34〕。

組み立ての工数が恐ろしくかかるであろう、このレイアウトを採用した最大の理由は、多気筒エンジンを使いながらもエンジンルームの全長を極力短くすることで、シートからリアタイヤまでの寸法を短くして、リアのトランクを確保することだ。

エンジン重心は高くなるが、そのデメリットである運動性が犠牲になることは、最小限に抑えようという苦労の跡が見て取れる。

時代背景を考えると、当時はミッドシップレイアウトに馴染みがなかっただろうから、従来のFR車と比べても違和感がないよう、キャビンとリアタイヤの間隔が長くないデザインが求められ、トランクなど使い勝手の優先順位も高かったからであろうと想像する。

今思えば、市販ミッドシップ黎明期ならではの、決して完成されたとは言えないレイアウトだったが、V6の時代も入れると20年以上採用されていた。

縦置き

その後348からエンジンが縦置きになり、ミッションはエンジン後方に搭載された〔Fig.1-35〕。

フェラーリといえども、意外と最低限の実用性を確保することに力を入れているので、フロントのボディーがモノコック構造になり、フロントにトランクスペースが確保できたための縦置きエンジンと考える。

フロントにトランクを確保するため、それまではフロントに配置されていたラジエーターは、ドア後方のリアフェンダー内部に移動した。それまでのモデルは、そこには燃料タンクがあったので、シート後方の隔壁とエンジン間にスペースを設け、燃料タンクが挟まる構造になった[Fig.1-36]。

結果、燃料タンクの寸法分エンジンが後ろに追いやられたので、その分は横置きシャフトのミッションを採用してミッション長を縮め、全体の辻褄を合わせている。その代償としてミッションの構造は、他には例がない複雑怪奇なものになった。詳しくは「第二章　トランスミッション」で、写真を交えて解説してみたい。それをF1からのフィードバックと宣伝していたフェラーリは、なかなか商売上手だと思う。

F355も基本は同じレイアウトである。

本来のミッドシップへ

360からは方向性が一転した。それは車自体を大きく作ることである。

上からのボディーシルエットは、従来は前が狭い台形が特徴だったが、360からは長方形になり、フロントの幅が広がった分、ラジエータースペースとラゲッジスペースを同時に確保できた。その余裕に加え、ホイールベースも大幅に伸びたので、広くなったエンジンルームには、縦方向にスペースが必要な、縦置きエンジンと縦置きミッションの組み合わせでも収められた。

F355までは、エンジンルーム内に機械が密集していたので、なんとか隙間を見つけ、狭いところに入りこんで作業していたが、360は隙間が広いので作業性がよくなり、メカニックとしては有難い[Fig.1-37]。

ミッドシップ本来の形と言える360のレイアウトが、F430以降も受け継がれた(F430や458はエンジン全長が増しているので、360よりも全長が短いミッションで、トータルの寸法を合わせている)。

つまり、360以前は、なるべく小さく車を作り、そのなかで荷物スペースを確保するため、ミッションも含めたパワートレイン搭載方法を、無理をして実現していたことになる。

部品の配置は、ボディー内部の限られたスペースの取り合いである。これらエンジン搭載方法の変化は、ボディーのサイズも含め、時代ごとに何を重要視したかの流れでもある。

4 …… ウィークポイント

熱害(V8全般)

エンジン概要解説につづいて、ウィークポイントの解説に移りたい。

まず、V型エンジン共通の弱点は、両側からエキゾーストマニホールドに挟まれている構造上、オルタネーターやエアコンのコンプレッサーなどの補機類が、エキゾーストマニホールドと接近してレイアウトされるため、熱の影響でトラブルが起きやすい傾向である。

モデルが新しくなるにつれ出力はアップ(すなわち発熱量の増大)するので、時代ごとの傾向もある。

かつては熱によるトラブルの代名詞であったオルタネーターだが、F430以降では、熱の影響を受けないVバンク間に配置されるようになったため、トラブルは激減した。他、オルタネーターに関しての詳細は、電装の章で解説してみたい。その代わり後のモデルでは、左バンクのエキゾーストマニホールド横に装着されたパワステポンプがダメージを受けやすくなっている。熱によるシールの劣化が早く、オイル漏れを起こしやすい[Fig.1-38]。

以下、モデル別のウィークポイントを解説してみたい。

308

308～328はエンジンが横置きなので、クラッチ交換でもタイミングベルト交換でも、たいていのメンテナンスではエンジンを降ろすことがない。だからメンテナンスコスト的にも、フェラーリ入門に向いている[Fig.1-39]。

キャブレターのモデルは構造がとても単純だ。現在の車のように、まずはテスター診断という手順にはならず、機械部分の消耗だけ見ていれば大丈夫という、昔の車ならではのよい面もある。だから定期的に交換する部品は、エンジンオイルとタイミングベルト、プラグくらいで、あとは何か故障した時に対処という維持の仕方ができる。

その代わり、部品は交換しなくても定期的な調整が必要な箇所は、現在の車と比べると多い。代表的なのは、ポイントとキャブレターの調整だ。

ポイントは使っているうちに減るので、点火時期や火花の強さが変わるし、キャブレターはもっと調整のサイクルが早く、調整した時の調子を保てるのは、せいぜい1年くらいしかない。現在の感覚から大きく外れた、調整しながらでないと本来の性能を発揮できないエンジンと付き合い切れるかどうかは、この辺りの年代の車を選ぶ際、重要なポイントになる。

一度仕上げてしまえば、トラブルの少ない308エンジンだが、あえて最後に挙げるとすると、ウォーターポンプが弱い。オリジナルのウォーターポンプに使われているベアリングの容量が小さく、ガタが出やすい。ウォーターポンプ丸ごと、328に使われているベアリングが大きくなった品に交換してしまうのがよい。

328

エンジン本体は丈夫である。無理してパワーを絞り出していないので、余裕があるようだ。今まで328エンジンをバラバラに分解したのは2台しかない。そのいずれも、シリンダーヘッドのガスケットが抜けてしまった修理である[Fig. 1-40]。

ヘッドオーバーホール作業のついでに、ピストンやライナー等も点検してみたが、いずれも部品交換は必要なかった。それ以降の車種と比べると、エンジン内部が消耗するペースは緩やかである。

308QV～328の特徴でもある機械式インジェクション(K-ジェトロ)も、意外と故障しない。この機構は、吸入空気を動力としてプレートを動かし、プレートが動いた分だけ燃料供給を増加させるという、とてもシンプルな原理である。その構造に、エンジンが冷えている時もアイドリング回転を確保する装置と、排ガス対策のフィードバック制御が加わり、システムを構成している。

機械式のため、定期的なエンジン調整が必要だ。スロットルが複数個付いている場合、それぞれの吸入空気量を合わせたり、アイドリング回転を決めたり、空燃比の調整などを手動で行う。特に空燃比の調整は微妙な上、プロでも調整方法を知らない人が増えているので、最近は調整不良の車が多く見受けられる。

今のところ弊社工場では交換例がないが、もしこのインジェクションのユニットが交換必要になった場合かなり高額で、BOSCHが供給するリビルト品で100万円

以上になる。以前はK-ジェトロを分解修理するショップが何軒かあったが、現在はない。日本車では使われなかった機構の宿命だ。

また、プラグコードなど点火系の部品は、頻繁に点検交換が必要だ[Fig. 1-41]。

プラグコードは断線する例が多く、内部は細い導線を螺旋状に巻いてある構造なので、強度が弱いことがそもそもの原因である。他にも、プラグとコード間をジョイントしている部品(エクステンション)も、熱で溶けたり、内部の抵抗が導通不良になったりする。

プラグコードの断線やプラグの不良時は、加速時に2500rpm近辺で、エンジンがバラバラとばらつく症状が出やすい。

エンジンオイル漏れは、走行距離が伸びるに従い全体から少しずつジワジワ漏れるのが特徴である。そうなると全部のオイル漏れを止めるのは不可能ではないが、エンジン全体の分解・組み立てになってしまう。

特にオイル漏れを起こしやすいのが、カムシャフトのオイルシール(以下カムシール)と、エンジンのオイルパンを貫通している、シフトロッドのシール部分だ[Fig. 1-42]。

カムシールからのオイル漏れは、カムシールを保持している部品が、Oリングによりフローティング状態で取り付けられている構造に根本的な原因がある[Fig. 1-43]。

この構造は、308QV〜348まで受け継がれ、348ではカムシールを交換するにはエンジンを降ろすことになる。

あと気になるのは、オイルクーラーの冷却性能が足りていないこと。エンジン左側スペースの隙間を見つけて小さいオイルクーラーを押し込んであるので、冷却性能が低い。気温が高い時に高速巡航すると、みるみる油温が上がってくるので、クールダウンしながらの走行が必要になる。

348

一言で348のF119エンジンを表現すると、「過渡期」のエンジンだ。

348は、カムシールからのオイル漏れと、オルタネーターの不具合に、とにかく悩まされ続けた。あと、同時期のテスタロッサもそうだったが、ガスケットの材質にアスベストを使えなくなったことが原因のトラブルも多かった。

アスベストは、最近は健康被害ばかりクローズアップされているが、ガスケットの素材としては優秀だった。1990年代初めから、代替の材質に変わった直後、まさに348が現行の頃は、代替材質に変更されたヘッドガスケットの性能が安定せず、新車に近い車でも漏れが発生してしまい、ヘッドガスケットを何台か交換した経験がある。

エンジンが温まった時の始動性が悪いのも、348特有のウィークポイントだ。クランキング時にフライホイールがガチャガチャ鳴り、なかなかエンジンがかからないという症状である。

初期型ではストロークセンサーを交換したり、あとはフライホイールを重くしたりして対処していた。

348エンジン最大の特徴である、ウォーターポンプもベルトの裏で回す構造の、長い1本のタイミングベルトはデメリットが多い。それは、ベルトを駆動するプーリーの軸受け部分の負担が大きいからだ。他の車種では、その部品が2個使われているので、単純に考えても2倍の負担はかかる構造を、敢えて採用している[Fig.1-44]。

このプーリーを支えるベアリングは、途中から強度が増したものに変更されてはいるが、それでも定期的に交換した方がよい。その際に、オイルポンプのチェーンテンショナーも弱いので、F355後期型の部品を流用した交換をお勧めする。

また、タイミングベルトやテンショナーベアリングを交換しても、ウォーターポンプのベアリングが壊れると、それが原因でタイミングベルトが外れてしまうので、タイミングベルト交換時に、ウォーターポンプも同時交換しておきたい。他の車種よりも、一度に多数の部品交換が必要な構造だ。

触媒の過熱時に警告灯を点灯させる装置(エキゾーストテンプユニット)が熱により壊れ、実際は触媒の温度が低くても警告灯を点灯させてしまうトラブルは、348から始まり360まで続くことになる[Fig.1-45]。

この時困るのが、触媒が過熱したと判断して安全装置が働き、エンジンを止めてしまうこと。この部品は2個使われ、片バンクずつ制御しているので、滅多に走行不可能までは至らないが、片側4気筒だけで走行するので、トルクが少なく発進は大変になり、せいぜい80km/hしか出なくなる。

最初のうちは、時々スローダウンランプが一瞬だけ点灯することから始まり、その頻度が高くなり点灯する時間も増えていき、そのうちエンジンが片バンク停止するという、段階的に症状が悪化していくのが特徴。遠出の際に起きると途方に暮れるし、エンジンにもよいとは言えないので、症状が軽い段階で早期交換をお勧めしたい部品だ。

F355

F355の場合、上記のスローダウンランプ点灯は、後期型から点灯しやすくなった上、一度ランプが点灯すると一定の条件をクリアするまで消灯しないので、F355で頻繁に起こるイメージが強い。

詳しくは348で説明しているので省略するが、F355になってからエキゾーストテンプユニットのレイアウトが変わり、左右バンクで1個ずつ付いているうちの右側がマフラーに近く熱の影響を受け、先に壊れることが多い。

今まで交換した台数は正確にはカウントしていないが、延べで3桁に近い台数になる。部品寿命の平均値は15000kmと短く、かなり頻度が高いトラブルである。

初期型では、オイルポンプのチェーンテンショナーの耐久性が低いことなど、348で解決しきれなかったトラブルも起こる[Fig. 1-46]。

基本設計がパワーアップと高回転化に追い付かなかったことが原因と見られ、シリンダーライナーやピストンリングなど、エンジン中枢部品の耐久性が低いことが欠点で、2番と7番(左右バンクそれぞれ前から2番目)シリンダーの異常摩耗が問題になり、今までピストンリングやライナーの交換作業になった例が何件もある[Fig. 1-47–48]。

2番7番シリンダー限定なので、エンジンブロック内部のライナー冷却用水路の流れが、何らかの原因で悪くなることくらいしか思い付かないが、同系統エンジンでさらにパワーが高いF40や360ではあまり問題にならず、真相は謎である。

加速時にマフラー出口から白煙が出ることや、オイル消費が増えることから症状が始まり、そのうち圧縮低下により1気筒が働かなくなり、極端なエンジン振動やパワー低下を招く。

F355のエンジンは50000kmを超えたら要注意で、ピストンリングやシリンダーのライナーを交換する覚悟が必要である。

コンロッドボルトが折れるトラブルも多かった。F355チャレンジレースが始まった当初は、しょっちゅう折れていた[Fig.1-49]。

コンロッドボルトが折れると、コンロッドがエンジンブロックを突き破り外に出てくるという、とにかく悲惨なことになり、修理するにはシリンダーブロック交換になってしまう。同時に大量に漏れ出てくるエンジンオイルに引火する危険もある。

単にボルトの強度不足だけではなく、チタンコンロッドの伸びずに固いという特性で、オーバーレブ等強い力が加わった時に、コンロッドボルトにだけ負担が掛かって伸びが発生し、その後伸びが進み折れてしまうケースも少なからずあると思われる。しかしながら、オーバーレブからコンロッドボルトの破損までにタイムラグがあるので、実際のところ検証は困難だが、F1システムの車(安全な回転まで下がってからシフトダウンするので、構造上オーバーレブしない)は、上記トラブルが起こりにくいことから、そう思うようになった。

コンロッドボルトは改良品が2度投入され、現在はコンロッドと同じPANKL（パンクル）社が製造している。その効果か、一時期よりこのトラブルは減少している[Fig.1-50]。

プラグの消耗は、とにかく早く10000km持たない。だからオイル交換2～3回ごとにプラグ交換という、普通では考えられない頻度になる。何かエンジンがばらついていると感じた時は、まずプラグ交換がセオリーだ。

F355はエンジン1回転につき1回、排気上死点でもプラグに火花を飛ばす構造である上に、8000rpmをオーバーし高圧縮である。点火回数を単純に考えても、普通のエンジンの2.5倍以上になり、プラグにかかる負担が大き過ぎることが原因だ。

そのためか、F355からNGK製のPMRで始まる特殊な型番のプラグになった。電極の寸法が長いので、一般的なプラグよりも燃焼室内に突き出している。これには相応の理由があるはずなので、違う銘柄へ変更することは、お勧めしていない。

エンジン前側のクランクプーリーに付いているエンジン回転センサーは、内部に巻いてあるコイルが断線しやすく寿命が短い。壊れると、チェックエンジンランプが点灯し、エンジンがミスファイアーする症状になる。内部の断線が一時的に回復

し導通すると、テスターにエラーの記録が残らないので、テスターだけに頼ると見逃してしまう。判断が多少厄介なトラブルだ。

アクセルとスロットルを繋いでいるケーブルも寿命が短い。出先で切れてしまうと、エンジンをアイドリングでしか動かせなくなるので、かなり困るトラブルである。

8連スロットルを細いケーブルで引っ張り動かしている上、アクセルペダルストッパーの調整が適切でない車が多く、スロットルが全開でもペダルには踏み代が残り、ケーブルだけ引っ張られてしまうのが、消耗を早くする原因だ。切れる前の段階でケーブルがほつれてくるので、こまめに点検していれば、ある程度予防は可能だ。

交換時は、単純にケーブル交換だけでなく、交換後にスロットルが全開になるか、ペダルを全開にした時、余計なテンションがケーブルに掛からないか点検し、必要に応じて調整しなければならない。

最終型でも製造から20年近くとなると、今まであまり交換する必要がなかった、エンジン周辺のゴム製部品の交換が必要になるケースも多い。

たとえば、スロットル間やプレッシャーレギュレーターなどを接続しているバキュームホースや、アイドリング回転を制御しているアイドルアクチュエーターに使われているホースなど。どちらも熱で硬化し、振動で割れてしまう[Fig. 1-51]。

割れたホースから吸気に余計なエアを吸うと、エンジン不調やスローダウンランプ点灯の原因になる。バキュームホースは、かなり見にくい所に付いているので、エンジン振動が多い等の故障診断で発見されることが多い。

360Modena

フェラーリは、新モデル登場のたびに初期トラブルが付き物だったが、360も例外ではなかった。

360からの新機構である可変バルブタイミングのトラブルは、当時衝撃的だった。タイミングバリエーターという、タイミングベルトプーリーとカムの間に入り、油圧を動力としてバルブタイミングを変更させる部品が折れてしまう[Fig. 1-52]。

すると、クランクは回っているがカムは停止状態になり、その時に開いていたバルブすべてが、ピストンと当たり曲がってしまう。修理するにはシリンダーヘッドを取り外し、曲がったバルブを交換するという、かなり大掛かりな修理になるトラブルだった。

これはリコールの対象になり、対策を終えてから聞かなくなったが、低年式の並行車は、リコール実施済みかどうか絶対に調べた方がよい。また、新機構を採用するにはリスクが伴うので、普段は保守的な設計をする理由が分かる事例でもある。

360は、F355から踏襲された機構が多いが、F355では大丈夫でも360では問題になる箇所もある。タイミングベルトの張りを自動で調整しているテンショナーは、当初F355と同じ部品だったが、360はなぜか左バンクだけ折れてしまう〔Fig. 1-53〕。

テンショナー取り付け基部の形状が左右違うので、それで左バンク側だけ振動が多いのかと考えたが、どうも原因がはっきりしない。

当時まず360チャレンジの車両で多く発生した。やはりサーキット走行は車に過酷だからトラブルが出やすい。

最初の対策は、折れてもタイミングベルトが外れないよう、折れたテンショナーを支えるストッパーを追加するという荒っぽいもので、本当にこれが対策になっているのかと思ったが、間もなく新たな対策品が供給されるようになった〔Fig. 1-54〕。

それは、取り付け穴に振動吸収のラバーブッシュが追加された品で、折れることは減ったものの、完全にはなくならなかった。

その後また部品変更され、取り付け部のずれを防止するノックピンが追加になり、取り付けボルトも変更された。この部品を付ける時は、ベース部分をセットで交換するか、従来のベース部を機械加工する必要があるので、ポン付けでは交換できない。

タイミングベルト交換後にエンジン警告灯が点灯するトラブルがあった。タイミングベルト交換時にカムプーリーを脱着した際、取り付け時に角度がずれると、それが原因でエンジン警告灯が点灯する。この場合、テスターでチェックするとタイミングバリエーターというエラーが入る。

エキゾーストのカムは現在どの位置か、カムアングルセンサーでモニターしていて、その値が基準の範囲から外れると、故障と判断することが原因。

この場合、規定値から外れると即点灯するわけではなく、20分くらいモニターした結果で点灯させるか判断している。

その時は、エキゾーストのバルブタイミングを、テスター上で正規の位置に収まるよう調整し直せば解消する。

この件があってから、360のタイミングベルトを交換した際は、エンジン始動してすぐにテスターを繋ぎ、カムアングルセンサーの値を確認することにしている。360では、タイミングベルトという純機械的な部品交換時にもテスターが必要になった。

360登場直後は、こんなに出来がよくなればオイル漏れしないだろうと思っていたが、残念ながら今までのフェラーリ同様、カムシールやヘッドカバーからオイル漏れを起こす。

ただ、それまでのフェラーリのように、いつ漏れてもおかしくないほどではなく、ある程度の年数や距離になると、どの車でも同じようなタイミングで漏れる。

タイミングベルト交換の際には、カムシールやヘッドカバーガスケットを一緒に交換しておけば、次のタイミングベルト交換まで大体大丈夫だ。

360は、生産から20年前後経ったので、初期トラブルや定期的な消耗品の他にも交換が必要な部品が増えてきた。

意外なところでは、ここのところ、エンジンを電気的に制御しているリレーが不良になるケースが多い。たとえば、タイミングバリエーターや、O2センサーをコントロールしているリレーなど。警告灯の点灯修理依頼によって発見される。

エンジンには自己診断機能があり、これらのリレーも監視しているが、それは一次側コイルまでで、二次側接点に問題がある場合、エンジンのコントロールユニットはリレー不良と判断せず、その先に付く部品の不良という記録で残る。

だから、このケースではテスターの表示通りに部品交換しても直らないので、診断の際はテスターの基本操作だけでなく、コントロールユニットがエラーと判断する細かい条件まで学ぶ必要がある。

走行距離が伸びた車は、シリンダーヘッドとインテークマニホールド間をシールしているガスケットシートが抜けてしまう。エンジン不調や、エンジンの振動が多いという修理依頼で発見される。

フェラーリに使われているガスケット全般に言えることだが、なぜかガスケットに伸びが発生しやすい。伸びたガスケットは、エンジン吸気の負圧でポート内に吸い込まれ、ヘッドとインテークマニホールド間に隙間が生じ、そこから余計な空気を吸うのでエンジン不調になる〔Fig.1-55〕。

ひどいケースでは、吸いこまれたガスケットがバルブとバルブシート間に挟まり、バルブが曲がった例もあった。

F355から引き続き、エキゾーストテンプユニットは弱い。F355では悪名高い部品だったが、360も引き続き同じ部品が使われている。

360ではエンジンルーム両サイドのカバー内に取り付けられたので、熱の影響は受けにくくなり、寿命はF355比では延びたものの、走行距離が伸びると壊れるケースが多く、F355同様スローダウンランプが点滅する。

また、360から交換する機会が増えた部品もある。エアフローセンサーだ。エンジンの吸入空気量を測っている部品だが、これも、壊れた時にエラーの記録が必ず入るわけではない。症状は、冷間時エンジンがハンチング（アイドリング回転が激しく上下すること）して、アイドリングが安定しないことから始まり、症状が進むと空燃比がおかしくなるので、マフラーから黒煙が出たり、警告灯の点灯を伴ったりする。

エラーの履歴が残らないケースが多く、その時は部品を付け替えてテストすることになるので、症状と考えられる原因のノウハウを、それなりに持っていないと診断が難しい。部品価格が10万円超と、センサー系にしてはかなり高額なこともあり、要交換の判断までには慎重な診断が必要である。

あと最近増加傾向にあるのが、燃料ポンプからのガソリン漏れだ。これは同様の部品を採用している、F430、599、612でも同様なので、後に改めて項を設け解説してみたい。

F430

F430以降になると、普段の足に使われているオーナーさんが増えているので、走行距離が伸びた時のデータが揃いやすい。

弊社工場では、初期型から10年以上経過した現在でも、そんなに大きなトラブ

ルはない。たとえば、50000km走破したF430が今まで修理した箇所は、ヘッドカバーのオイル漏れ修理、インテークマニホールドガスケットの交換くらい（360と同じ症例）で、あとはエアクリーナー、ベルト、プラグ、オイルなどの消耗品を定期的に交換するだけだった。上記の通り、数々のトラブルで苦労しているだけに、フェラーリエンジンも丈夫になったと、感慨深い。

とはいえ、ヘッドカバー周辺からのオイル漏れは、距離に応じていずれ起こる。ひとつ残念なことは、タイミングバリエーターを駆動するソレノイドバルブの配線が、ヘッドカバーを貫通している構造なことだ。そのため振動による劣化が激しく、配線を伝ってオイル漏れを起こす、断線してバリエーターが作動しなくなるなどのトラブルを起こしやすい。その時は、バリエーターのソレノイドバルブ自体を交換しなければならないので部品が高額になる。エンジンの外に取り付けられている、オイルポンプとウォーターポンプが一体になったユニットは、時々水漏れやオイル漏れを起こし、オイル漏れの時はたいていOリングの交換だけで済むが、水漏れの場合にアッセンブリー交換（大体70万円前後）が必要なケースもあった［Fig. 1-56］。

これでも今までのモデルに比べ、トラブルの症例は書くことが少ない。フェラーリエンジンの、喜ぶべき耐久性の進化である。エンジンの機械的な信頼性が向上したことを裏付ける具体例として、取り扱い説明書の変遷を挙げられる。

360まで付属品の取り扱い説明書は、本来サービスマニュアルに載せるような、詳細なデータが記載されていた。

たとえば、タペットクリアランスの値や、バルブタイミングの基準値など。こんな、エンジン分解時にしか必要がない数値まで、なぜ掲載しているのか、以前は不思議でならなかったが、多分機械屋としての良心だったのだろう。

エンジン組み立てにあたり、調整が必要な箇所は最低限のデータだけ誰でも分かるように公開し、スキルさえあれば、この取り扱い説明書のデータを参考にするだけで、エンジンを組み立てられるようにしてある。

ところがF430以降では、そこまでエンジン内部の情報を公開しなくなった。取り扱い説明書の記載もそうだが、一般に入手できるサービスマニュアルにも詳しいデータを掲載しないくらい、極端に変わってしまった。

説明書の変遷＝品質に対する自信の変遷である。

458Italia

弊社の工場では、しばらく458エンジンのトラブルがなく、メンテナンスはオイル交換程度しか経験していなかったが、最近では高度化された制御ゆえに、ちょっとした機械的なトラブルでも制御系が異常と判断して不調になるトラブルが発生している。たとえば、シリンダーヘッドに設けられた細い通路の二次空気ポート（排気ポートに空気を供給し、未燃焼ガスを触媒で燃焼させることを促す機構）が、排気ガスに含まれたカーボンで詰まると、それをどこでどう検知するのか、警告灯の点灯やエンジン不調に陥ってしまったことがあり、高度化したゆえに機械と制御の関連には、実際トラブルが起こらないとよく分からないことが多く、今後はそういった例が増えていくと予想される。他にも将来を予想すると、F430と同系統エンジンなのでウィークポイントも同じと思われ、ヘッドカバー周辺や、ウォーターポンプ／オイルポンプユニット辺りから、距離が伸びてくるとオイル漏れする可能性がある。

488

構造の解説でも触れたとおり、かつてのフェラーリよりトラブルは起きにくいが、ヘッドカバーを外すなど、ちょっとした作業でもエンジンを降ろした上、ミッションを切り離してエンジン単体にする必要があるので、その時は、費用にしても時間にしても大変なことになるエンジンだ。

それが保証期間中ならば、オーナーさんの負担は時間だけで済むが、その後のことになるとトラブルの頻度が未知数なため、果たして将来のランニングコストがいくらになるのか、さっぱり見当が付かないエンジンである。

志が高い設計や、特性も含めたパワーに関しては、さすがフェラーリのエンジンであるが、時間が経つと、それを維持するにはどの程度の費用がかかるのかも、エンジンを評価するに当たり重要な要素となってくる。それらを含めた評価が定まるには、もう少し時間が必要だ。

カリフォルニアTやGTC 4ルッソT（V8モデル）など、同系統のエンジンでも今後同様になると思われる。

後の章で解説するDCTと同様、壊れる頻度は低いが、いざ壊れると数百万円単位の出費となる個所が、これらの車種で2ヵ所存在していることは、理解された上で購入、維持していただきたい。

以上がV8エンジンの解説である。引き続き、V12エンジンについて解説してみたい。

III

V12編

1 V12の歴史

4種類に大別

V12エンジンで私が解説できるのは、大まかに4種類だ。

まず、どこまで遡れるかよく分からないくらい、昔から使われていたコロンボエンジン（レーシングカーエンジン設計者ジョアッキーノ・コロンボによるV12エンジンが原型。長きにわたり改良を受けながら使われた）。このエンジン末期は1980年代末の412である。

あとは、ミッドシップモデル登場に合わせて作られたボクサーエンジン。365BBの登場した1973年から1995年で生産終了したF512Mまで20年以上の間、4バルブ化等に進化しながら使われ続けた。

412が生産終了してから暫くFRモデルの空白期間を経て、456（1994～2003）から456系V12エンジンが始まり、612 Scaglietti（以下、612　2004～）まで使われている。

あとは、現行12気筒の**Enzo Ferrari**（以下、Enzo、2003～2005）系エンジンに大別できる。

F50エンジンは特別

これらのどこにも当てはまらないエンジンが、F50（1995～1998）に搭載されている。F50の12気筒は別物だ。

たとえば、シリンダーブロックとヘッドの結合部分には、通常のヘッドガスケットという単体の部品はなく、燃焼室の高圧ガスは、クーパーリング（金属製のＯリング）で個別の気筒ごとにシールし、冷却ラインやオイルラインは、それぞれＯリングでシールされている等、レーシングカーのエンジンをベースに、市販車の部品をところどころ使った造りだ。F50はスペチアーレでありながら333SPのホモロゲーションモデルという側面もあるので、333SPに基本設計がよく似たエンジンになったのだと思う［Fig.1-57–61］。

加工精度の分水嶺は1983年

V8と同様に、1983年前後に大きな革新が起こった。

4バルブ化と大幅な加工精度の向上である。それは経営難の後フィアット傘下に入り、フィアットからの投資が増えた時期と一致するらしい。それで精度が高い加工機械を多数導入した痕跡を、各部の仕上げに見て取れる。

それ以前のエンジン部品の加工精度は、お世辞にもよいとは言えない。しかも、なぜか12気筒の方が悪い。たとえば、いかにも切れない刃で削っただろうという、フライス跡が盛大に付いたヘッドカバーの仕上げなど、オイル漏れを止めるのに苦労することは当たり前だった［Fig.1-62］。

なかには、その車は512BBだったが、ヘッド後の点火系ディストリビューター取り付け部の角度が悪く、ディストリビューターが斜めに取り付けられてしまい、カムで駆動されているシャフトにストレスが掛かり、引っ掛かりながら回ってしまうので、進角機能が働いてなかったことや、これも512BBで、バルブガイドとバルブシートのセンターが合っていないことが原因でバルブが閉じない等の例もあり、呆れるほどである。

鋳物の品質にも違いがあり、なぜか12気筒の方が低い気がしてならない。いつも苦労するのは、512BB以前の12気筒である。

エンジンブロックに取り付けられる部品は、たいていの場合スタッドボルトを埋めて、そこにナット止めする構造だが、スタッドボルトが入る雌(め)ねじ部分の強度が全般的に足りないので、だんだんネジ山部分が崩壊し、ネジが利かなくなってくる。

鋳造時、型にうまく流しこめていなく巣穴が開いていることも多い。巣穴は外から穴が見えていれば容易に対応できるが、ヘッドの吸排気ポートやオイルラインに開いていると、オイル消費や、エンジンオイルと冷却水が混ざる等の症状になり、いくら外から見ても原因が分からず、発見は困難を極める。

2 モデル別エンジン❶（水平対向エンジン系）

365BB

旧いモデルほど、ありきたりな内容になるかもしれないが、誰かの引用ではなく自分で体験して考えたことを書いてみる。

またBBシリーズとテスタロッサでは、エンジンの系統は同じでもウィークポイントが異なるので、それぞれ項を独立させ解説してみたい。

ボクサーエンジン初代は365BBのF102Aエンジンである。水平対向12気筒の上にトリプルチョークのウェーバーキャブが4つ載った、見るからに只者でないエンジンだ。タイミングベルトで駆動されるDOHC2バルブで、半球形燃焼室を持つ、古(いにしえ)の典型的な高性能エンジンである[Fig.1-63]。

点火は当時の先端技術で、ピックアップで拾った信号をCDI（Capacitor Discharge Ignition：コンデンサーに蓄えた高電圧を放電する方式。点火電圧を高くできる）に送り、CDIがコイルを駆動する方式。プラグへの高電圧は、機械式の進角装置が内蔵された1個のディストリビューターから、12気筒へ振り分けられる。

BB系統エンジン12気筒のアイドリングは、独特のムルムルした音で、アクセルを踏み込むと、いかにも爆発間隔が短いスルッとした回り方で鋭く吹け上がる。

50年前に作られたエンジンだが、レッドゾーンは7800rpmからという超高回転型だ。だが低回転で気難しいわけでもなく、キャブレターの調整さえ決まっていれば、アイドリング＋αの回転からもストレスなく加速できるフレキシブルさも持ち合わせている。

後の512BB系と違い、365だけウエットサンプの潤滑方式だ。BBのドライサンプは、エンジン前にオイルタンクが位置する関係で、タイミングベルト交換の際はエンジン降ろしが必要だが、365BBに限ってエンジンを降ろさずタイミングベルトを交換できる。

極端に作動角が大きいカムが付いているので、キャブレターの調整は難しい。私的には、調整がいちばんシビアで難しい車種はDinoで、その次が365BBだ。

512BB

512BBから潤滑はドライサンプ方式になったが、ミッションの上にエンジンが載る2階建て方式なので、ドライサンプにしたところでエンジンの重心を下げられるはずもなく、一般的なドライサンプの採用理由とは異なる。オイルパンも兼ねたミッションケースに溜めておくオイルだけでは、容量が心許ないので、オイルリザーバータンクを増設する目的でのドライサンプと思われる。

365BBより回転リミットが下げられ、カムの作動角も減ったので若干おとなしくなり、電気式のチョークも付き、365BBよりも扱い易さを狙ったエンジンになっている[Fig. 1-64]。

カタログ上でピークパワーは低下しているが、運転した感じは低中回転で365BBと変わらず、トップエンドの一伸びが365BBほどでない程度の違いだ。

BBや206GTからF355に至るまで、フェラーリはモデル初期型で扱いやすさよりも、パワーのあるエンジンに仕立て、素材は量産に向かなくても性能のよい物を使う。後期型になるにつれ、信頼性と量産性を上げる変更を行い、結果的におとなしいエンジンになる方向性だ。

512BBi

BBシリーズ最後は、機械式インジェクションのK-ジェトロ(BOSCH社製の機械式燃料噴射装置)になったBBiだ[Fig. 1-65]。

元々は、上にキャブレターしか載っていないシンプルなエンジンを収めるためのエンジンルームだったが、隙間を見つけながらK-ジェトロの機構を6気筒用2台分、追加で無理矢理押し込んでいる。だから、とにかくエンジンルームに隙間がなく、BBシリーズのなかでいちばん整備性が悪い。何をするにも周辺から分解していくので、バラバラにせざるをえない[Fig. 1-66]。

カムは、インジェクションの特性に合わせた物に変更され、この作動角は後の348やテスタロッサの頃まで同様の値が使われた。

インジェクション化により消費電力が増えたので、オルタネーターを2つに増やし対処しているのも特徴。当時のオルタネーターは、取り出せる電流がせいぜい70Aと現在の半分程度しかなく、苦肉の策だろう。

カタログ的にはさらにパワーダウンしているが、完調のBBiは、V8と違い排気量が大きくトルクの絶対値が多いからか、よく言われるほど512BBのキャブレター車より遅いわけでなく、気難しくもなく、お手軽さと速さのバランスが取れていて、整備性を考えなければ意外とよいエンジンだと思う。

ただ、K-ジェトロの調整は定期的に行わないと、アイドリングでのエンジン不調やエンジンストールを起こしてしまう。

ウィークポイント

CDI（全般）……………………………………よく起こるのがCDIのトラブル。エンジンが温まってきた時に、バラバラとミスファイアーを起こすことから始まり、温まるとエンジンが停止するようになり、最終的にはエンジンが始動しなくなる。特に出先で壊れると動けなくなるので、いちばん困るトラブルでもある［Fig. 1-67］。

CDIの内部には、イグニッションコイルへ放電させる回路に電解コンデンサーが使われている。これは経年で容量が下がる性質を持つ消耗品なので、そもそもCDIは永久には使えない宿命だ。

分解して中身のコンデンサーを交換すれば復活するだろうが、本体内部にエポキシ樹脂を流し込み固めてあるので、分解しようにも難易度が高く、CDIユニット丸ごとの交換になってしまう。

同形状の純正部品が供給されていた時でも、部品が新しくなるに従い、リミッターの設定回転が下がっていき、365用で注文しても6800rpmまでしか回らない物が来ていた。その後、純正品は大幅に外見が変わった物に変更される。

純正は高価なので、社外のCDIを取り付けることも多い。そうすると部品代は大体10分の1位になると思う。価格を優先するか、オリジナル度を優先するかは、オーナーさんの好み次第で対応している。

ディストリビューター（全般）……………BBに使われている、点火タイミングを拾うピックアップユニットと、プラグに火花を飛ばす高電圧を各気筒に分配するディストリビューターが一体になった部品は、遠心力を利用して機械的に進角させる装置も内蔵されている。

それがとても錆に弱く、すぐに錆び付いて動かなくなる。そうなると、回転上昇に伴う進角が作動しないので、低回転時は普通に回るが、高回転時にパワーがなくて遅い症状になる。

その時は、分解して内部の錆を取り除いた上、給油して組み直すと解決し、しばらくは大丈夫だが、またいずれ錆びてくるので、定期的なチェックとメンテナンスが必要な部分である［Fig.1-68］。

点検方法は、ディストリビューターのキャップを外して、ローターを手で捻ってみる。手応えありながら動き、手を離すと元の位置に戻れば正常。まったく動かなかったら、上記の錆び付きを疑うことになる。

圧縮低下のペースは早い（全般）…………シリンダーライナーやバルブガイドは、現代のエンジンほど耐久性が高くないところ高回転化されているので摩耗が早い。ライナーが摩耗すると圧縮が下がってくるので、パワーダウンを招き、新車もしくはオーバーホール後20000km走行すると、パワーダウンを体感できるほどだ。また、バルブガイドが摩耗するとバルブとのクリアランスが大きくなるので、エンジンオイルの消費が多くなる。

だが、何となくパワーが落ちてきたとか、エンジン内部でオイル消費が増えた程度では、オーナーさんにもよるが、あまりエンジンをオーバーホールするきっかけにはならない。

たとえば、ヘッドガスケットの抜けや、エンジン外部へのオイル漏れが多くなった等、他の不具合修理の点検結果で、内部が摩耗していましたので一緒に作業しましょうかという流れで、エンジンを分解・組み立てするケースが大半である。

水漏れとオイル漏れ（全般）……………エンジンオイル漏れを起こしやすい箇所は、どのボクサーエンジンでも変わらず、ヘッドカバーや、ヘッドカバーからオイルパンにエンジンオイルを戻すリターンホース、カムシールなどから漏れが始まり、そのうちガスケットを使っているたいていの箇所でオイル漏れしてくる。特にヘッドカバーは加工精度がかなり悪く、削り直すことも構造上できないので、単にガスケットの交換では漏れが止まらない。組み付けの際は、補助で液体ガスケットの使用や、場所によっては丈夫な材料を用いてガスケットを自分で製作し直すなど、何らかの工夫が必要になる。

ウォーターポンプから水漏れする例は多いが、エンジンを停止した時に多少ポンプ本体から冷却水が出てくる程度ならば、シールの構造上やむを得ない。

生産から40～50年も経っているので、パイプの肉厚が錆で薄くなっているとか、ホース取り付け部が腐食して穴が開くとか、そんな原因でも水漏れを起こす。だから、漏れたところだけ修理していると、延々と水漏れに悩まされることになる。冷却系は一度に手を入れてしまった方がよい。

ちなみに、エンジンからフロントのラジエーターまで繋いでいるアルミパイプに穴が開くと、エンジンを降ろさなければパイプを取り外すことができない。

3 モデル別エンジン❷（テスタロッサ系）

テスタロッサ

BBのシリンダーブロックをベースに、ヘッドを4バルブ化したのがテスタロッサだ。燃焼室は、現代的なペントルーフ形状。バルブはリフターを介しカムで直押ししている。シリンダーライナーは同時期V8の328と同様、材質がアルミになった［Fig. 1-69］。

アルミ製シリンダーライナーのメリットは、軽量、熱伝導率がよい、ピストンと熱膨張係数が同じなので、ピストンクリアランスを狭く設定できる等が挙げられる。

512BBiでは、エンジン両サイドにK-ジェトロのユニットが配置され、そこからインテークマニホールドまで長いパイプで繋いでいた。そんな無理矢理な構成だったが、テスタロッサのK-ジェトロユニットはバンクの間に移動されたので、吸気の配管も短く合理的になり、見た目も美しい[Fig.1-70]。

エンジンフードを開けると、名前の由来になる「赤い頭(Testa Rossa)」をさえぎる物なく見せ、高性能なだけでなく見せ方もうまい。

同じテスタロッサのエンジンでも、3タイプある。初期のヨーロッパ仕様、中期のヨーロッパ以外の仕向け地にも対応したエンジン、より排ガスを減らし、仕向け地の作り分けがなくなった最終型。初期のヨーロッパ仕様がもっともパワフルで、ガオガオと吠えながら荒々しく回るが、ストールしやすく気難しい。

512TR

512TR(以下、TR)は、テスタロッサよりも実測で3〜4cmエンジンの搭載位置が低くなった。元々の重心位置が相当高いので、現在のミッドシップと比較できるレベルには至っていないが、エンジン位置を下げるためにリアフレームまで作り変えているので、相当な手間を掛けている[Fig.1-71]。

エンジン本体内部の主要部品はテスタロッサに似通っているが、バルブタイミング等のセッティングは大幅に変更されている。

インジェクションは、L-ジェトロのモトロニック2.7になった。テスタロッサまでは、インジェクションといえども人手で定期的に調整するのが前提だったが、TRや512Mは、たまに吸気圧を左右バンク間で揃え、アイドリングを調整すると済む程度にメンテナンスフリーとなった。バンク間からK-ジェトロのユニットや配管の部品が消えたので、テスタロッサよりすっきりしたエンジンルームになった。

テスタロッサよりもパワー、信頼性ともに大幅アップした。機械式特有の制御が荒い燃料噴射から、一般的なインジェクター制御に替わった効果が大きく、テスタロッサの粗さが取れ、緻密さが増したフィーリングで回る。

F512M

F512Mに搭載されているエンジンが、20年以上続いたBB系統の最終型だ。TR

との大きな相違点は、コンロッドがチタン製に変更されたことだ。他にも、クランクシャフトを軽量化するため、多数の肉抜き穴加工を施してあるなど、エンジン内で動く部品の慣性質量を減らすことに拘(こだわ)っている[Fig.1-72-73]。

軽量化の効果は高く、TRよりもレスポンスがよい。

エンジンをコントロールしているモトロニックは、512TRから変更されていないので、機械的な熟成でTRより20PS上げたことになる。短い生産年数が残念なエンジンだ。

ウィークポイント

エンジンストール(テスタロッサ)………… テスタロッサで悩まされたのが、エンジンのストール。空吹かしするとエンジン回転が落ちる時に、そのままストンとエンジンが止まってしまい、エアコンを作動させるとさらに悪化する。

空燃比が濃いとストールしやすいのは、テスタロッサすべての年式や仕様に共通しているが、初期型に近いほど、バルブタイミングの設定値が後のモデルよりオーバーラップが多い高回転向きになっているので、アイドリング近辺の低回転が苦手のため、症状が出やすい。

機構的に低回転が苦手で起こる症状を、K-ジェトロの調整で空燃比は薄め、アイドリングは高めにして何とか抑えるため、調整はシビアになり次回調整までのインターバルも短くなる。

水漏れとオイル漏れ(全般) …………… 12気筒全般に言える特徴だが、シールなどV8と同じ部品が使われていても、発生する熱量の違いにより、V8よりも寿命が短い。

BBよりはるかに加工精度は上がっているのだが、それでもオイル漏れを起こしやすい。だからタイミングベルト交換でエンジンを降ろした際は、カムシャフトシール、ウォーターポンプシール、ヘッドカバーガスケット、フロントクランクシールなど、エンジンを降ろさなければ交換できないシール関係は、まとめて交換しておいた方がよい。

特に、現在供給されているタイプのヘッドカバーガスケットは、現車に合わせて形状を加工しないと取り付けができないくらい、寸法が合っていない。折角取り付けても、ガスケットに伸びが発生して切れてしまい、そこから大量のオイル漏れを起こすこともあるので、かなりメカニック泣かせな部品である〔Fig.1-74〕。

ウォーターポンプシールは、テスタロッサ中期から改良品に変更され、信頼性は上がった。冷却水を遮断しているシールの奥にもさらにオイルシールがあり、エンジン内部という過酷な環境により劣化が早く、オイル漏れを起こしやすい。このオイルシールから漏れが始まると、エンジンフロントカバーに開けられている小さな穴からオイルが出てくるので、外部からの判断は容易だ。エンジンを降ろすならば、この部品も交換した方がよい。

ヘッドガスケットからの漏れ（テスタロッサ～512TR）

……………………………………… テスタロッサ初期型のアスベスト製ヘッドガスケットは、距離が伸びるとそのうちオイル漏れや冷却水漏れを起こす。正常な時でも完全に漏れを止めているわけでなく、冷却水が少しずつガスケットに染みながらも、外部には漏れさせない特性を持っている。その少しずつ滲む冷却水が、ヘッドをシリンダーブロックに固定しているスタッドボルトまで浸入し、ボルト穴に錆が発生してくる。そうなると、ヘッドを外そうとしても固着して外れなくなり、苦労した車が何台もあった。ボルトをオイル漬けにした後、ヘッドを引っ張る工具を製作し、何日もかけて少しずつヘッドを動かしていく作業になる。

その後、1990年代になってアスベストが使えなくなり、当時の代替材質が安定せず、距離が少なくてもヘッドから水漏れを起こす例が多発したのは、V8で書いた348と同様だった。

ヘッドを固定しているスタッドボルトは14本と多いものの10mm（径）×1mm（ピッチ）と細いので、ボルトの伸びによりヘッドを圧着している力が弱まり漏れてくることもある。

それもあってか、当時メーカーが推奨する定期点検項目には、ヘッドの締め付け確認も入っていた。

4 モデル別エンジン❸（その他）

365GTB4（デイトナ）

私が分解組み立てしたことがあるコロンボエンジンは、1960年代後半のモデル以降だ。そこから412まで、系統立てて文章を書けそうないちばん旧いモデルはデイトナなので、そこから書き始めたい[Fig.1-75]。

コロンボエンジンは、クランク中心がエンジンブロック下端という、ハーフスカートタイプで、エンジン前側にはカムを駆動するチェーンケースが箱状の部品として独立し、シリンダーブロック前側にボルト止めされている。

だからエンジン本体は大まかに、シリンダーブロック、オイルパン、シリンダーヘッド、チェーンケースの4種類の部品に分かれ、それぞれ差し替え可能に作られている。

最近の、すべての部品が絡み合いながら一体化されているエンジンとは違い、上記4種類の部品を、必要な時に小変更しながら差し替える方法で改良を続け、長い間使い続けたことを感じさせる[Fig.1-76]。

排気量を上げながら使われ続けてきたコロンボエンジンの、性能的な意味での最終は、デイトナのエンジンだ。

275から登場したツインカムエンジンは、従来のOHCを発展させた構造だから、その機構が残っている。片バンク1個ずつのギアをチェーン駆動で回転させ、そのギアで2本のカムを回す、一部カムギアトレーンの構造をしている[Fig.1-77–78]。

キャブレターはツインチョークが縦に6個並ぶという凄みのあるレイアウトで、見た目もコロンボエンジンの集大成にふさわしく思う[Fig.1-79]。

エンジンの回り方は、いかにもV型という感じで、ボクサーエンジンよりも若干の振動を伴いながら、荒々しく一気に吹け上がる。

当時としては相当なパワーでボディーも軽く、現在のレベルでも結構な加速をする。フェラーリ同士の比較では、512TRなど後のミッドシップ12気筒と同等で、明らかにデイトナを超えられたのは550以降だ。

365GTC4　365GT4 2＋2

両車を触る機会は、さらに以前のモデルよりも少ないくらいで、かなりレアだ。

マイルドになったパワースペックや4人乗りが災いしたのか、狭間のモデルと思われがちだが、実はデイトナからエンジンは大変更されている。

従来は、Vバンクの間にダウンドラフトタイプのキャブレターが装着されていたが、サイドドラフトに変更され、位置はエキゾーストマニホールド真上になった。

このレイアウトを実現させるため、吸気ポートはヘッドカバーを貫通して設けられ、シリンダーヘッドは、とても複雑な形状になった[Fig.1-80]。

それまでの、上部にキャブレターとエアクリーナーが載るエンジンと比べると、エンジン本体のもっとも高い部分はヘッドカバーの角なので、かなりエンジン全高は低くなっている。が、重心位置は大差ないので、そこまでしたメリットは何か断定が難しい変更である。

インジェクション化の前段階として、K-ジェトロユニットの装着スペース（かなり大きいユニットなので、エンジン上部に載せるとボンネット高が、ありえないくらい高くなってしまう）を確保したと考えると、いちばん辻褄が合いそうだ。

コロンボエンジン最後に至るまで、この形式が踏襲される。

400i　412

365GT4 2+2以降のコロンボエンジンを搭載するモデルは、4人乗りツアラーの方向性なので、総じてエンジンはおとなしく、パワーを追求することより快適装備を追加するようになった[Fig.1-81]。

最後の400iや412ではインジェクション化され、それに応じてカムの作動角がキャブレターの頃より少なくなり、パワー特性がさらにマイルドになった。

パワーステアリングとハイトコントロールの各油圧ポンプ、オルタネーター2つ、エアコンのコンプレッサー等、大幅に増えた補機類がエンジン前側に装着され、巨大なエンジンになってしまった。

排気量アップのお陰か、カタログデータのパワーはデイトナと同じくらいだが、ボディーは大型になり豪華装備も満載で重くなっているので、かつてのような荒々しさや加速ではなく、さすが12気筒と思わせる爆発間隔が短い滑らかさで上品に回る。特にATモデルは、スタート時にトルコンの滑りが大きく動き出しが遅いので、余計にそう感じる。

性能を追求した結果の凄みとは縁がなさそうなエンジンだが、ヘッドカバー内部を貫通して吸気通路が設けられ、そこにファンネルが立ち並んでいる姿は壮観だった。出自は同じで、牙を隠したエンジンだと分解した時に思った［Fig.1-82］。

後付けの追加装備が多いので部品点数も多く、エンジン本体のメンテナンス＋追加装備の補機類メンテナンスになるので、完調を維持するには相当な手間がかかる。安いからと手を出すと大変なことになる車種の代表格だ。

456GT

412の後、FR12気筒不在の時期を経て、1994年に登場したのが456GTだ［Fig.1-83］。

比較対象の前モデルは412だったから、ものすごく上がったパワーと、どこか回り方が優しかった412より、割とフラットトルクでなおかつ高回転まで息が長く、無機的な感じで回るフィーリングには、412から一気に何世代分も洗練させた感じで驚いた。

エンジンブロックのスカートは長くなり、ブロック剛性がアップされた。4バルブでペントルーフ形状の燃焼室になり、吸排気バルブの挟み角が狭くコンパクトに纏(まと)められたシリンダーヘッドなど、機構的にも前モデルから隔世の感がある。

カムの駆動方式は、従来のチェーンからタイミングベルトになった。

エンジンのバリエーションは大まかに2つあり、モトロニックの種類が違う。初期型はモトロニック2.7で、後期型はモトロニック5.2だ。

モトロニック5.2のタイプは車名も微妙に変わり、456M GTになる。

エンジン本体は丈夫で、今のところ私が分解した456エンジンは、オーバーヒートが原因でヘッドガスケットが抜けてしまった1台だけしかない。

他のモデルと同様、初期型では色々問題が出た。

いちばん困ったのが、何も壊れていなくても夏場はオーバーヒートすること。ラジエーターのサイズから考えると、そもそも100km/h以上で巡航するとか、日本ほど夏が暑くない所での走行を想定しているようで、その条件でエンジンが設計通りに冷却される。だから、夏の渋滞でははてしなく水温が上がってしまう。

対策として、当時はラジエーターの容量を上げた上、内部の通路を変更するなどの作業を何台か行ったが、スペースの制約もあり、結構苦労した覚えがある。

その後、ウォーターポンプのプーリー比が変更された対策品が投入され、水温が安定してきたのは1996モデルから。それでも真夏の渋滞では、水温が105℃くらいまで上昇する。現行モデルの水温105℃は、元々そう設定されているので正常だが、456の場合、本来の設定は90℃前後なので、想定を15℃超えていることになる。

Vバンク間に通してある冷却水のホースが破裂することも多かった。現在では丈夫なホースに変更されているので、そのタイプに交換すれば寿命は長くなる。

他には、プラグコードから高電圧がリークして、何気筒かミスファイアーしてしまうことも多かった。暗い所でエンジンを回しながらヘッドカバーの辺りを眺めていると、プラグコードからヘッドカバーにパチパチと青白い火花が飛ぶのが見えるほどだ。プラグコードとキャップの間に水が入ってジョイント部分が錆び、接触不良になるのが原因だ。

あと、コールドスタート時エンジン不調になる車も多かった。アイドリングが通常の半分である500rpmくらいまで落ちてしまい、アクセル操作を受け付けなくなるという症状だ。これは何と、モトロニックユニットのプログラムの問題で、ECU（Electronic Control Unit）を分解し、対策品のROM（Read Only Memory）に交換していた。

カムシールやヘッドカバーからオイル漏れを起こしやすい。同時期のV8よりも発生する熱量が多いので、オイルシール類の他にホースやベルトなど、エンジンルーム内全般のゴム関係も寿命が短い。

550Maranello　575M Maranello

550Maranello（以下、550）は456と同系統のエンジンで、456のモトロニックが5.2になった時期に追加された車種なので、456で色々あった初期トラブルは対策されており、456初期型よりは信頼性が上がっている。

あと、シムでタペットクリアランスを調整する方式から、油圧で自動調整するタ

イプに変更された。

ベースエンジンの456から、よくここまで作り分けたと感心するくらい、キャラクターが違うエンジンで、高回転まで一気に吠えるように荒々しく吹け上がるのが550の持ち味だ。エンジンの見た目がまったく同じなのに、なぜそうも違うのか不思議で、456と550のエンジンを見比べていた時期もあったが、新規採用されたインテークマニホールド長の可変機構や、チタンコンロッドが効果を生み出しているようだ。

その後550は575Mに替わり、なぜかエンジンが中速トルク重視になった。サスペンションセッティングもソフト方向に大幅変更されたため、見た目はそう550と変わらないが、急にツアラーのようなキャラクターへ激変していたのには驚いた。

550、575Mともに、ウィークポイントは456と同じで、寿命が異常に短いゴム関係の消耗品を、定期的に交換し続けることになる。

夏場の水温が105℃まで上昇するのも相変わらずで、根本的な対策がされるまでに至っていない。

612Scaglietti

456系エンジン最後のモデルが612だ。

575Mよりさらにパワーが上がり、息が長く回転が伸びる456系エンジンの美点がさらに磨かれ、20年にわたる熟成が感じられるフィーリングだ。

基本設計に限界が来ているのか、ライバル社の同クラスや599系エンジンと比べると、500PS台ではパワー不足感が出てきた。メーカー間でのパワー競争は700PS台の攻防になり、最近特に激しくなっている。

612からなぜか、タイミングベルトの交換サイクルが5年になった。ベルト自体は550から612まで品番が一緒なのに不思議な現象である。

エンジンが発生する熱により、ゴム部品が劣化するスピードは以前のモデルと同様なので、上記の456などと同様の手間がかかることになりそうだ。

Enzo系エンジン（599、599GTO、F12、FF、812SUPER FASTも含む）

Enzoから始まった新規のV型12気筒エンジン。

各部の造形を観察すると、F430のエンジンに片バンク2気筒ずつ付け足したような印象だ。実際にボアのデータを見ると、EnzoもF430も同じ92mmである。

オイルポンプやウォーターポンプのレイアウト、カムを駆動する方法やバルブタイミングを可変する機構などを同じ構造にすることで、開発の手間を節約したと想像でき、40年以上前、同時期に308と365BBのエンジンを開発した時と、手法の共通点を感じる［Fig.1-84］。

ゆえに、エンジン本体の見た目も似ているので、エンジン上側インテークの色使いや造形等で差別化しているように見える。

低重心化へのこだわりはF430系と同様に、クラッチを小径化してまでクランク下の寸法を削っている。

エンジンの回り方もF430系と似た、新世代フェラーリの野太い排気音だ。360までのV8とF512Mの12気筒が似たように回るのと同様、基本設計や時代ごとの技術の共通点を感じる。ゆえにウィークポイントもF430と同じ内容になるため、F430の項を参照いただきたい。

Enzoから812SUPER FAST（以下、812）に至るまで、どの回転域でもトルクフルで、アクセルを一踏みすれば周りの景色が吹っ飛んでいくほどのハイパワーでも、エンジンに余裕を感じられる。

Enzoシリーズエンジンの搭載モデルごとに、パワーの印象をまとめてみると、Enzo（660PS）は、イタリア馬力が健在な印象。あと、カタログデータは同じでも、仕向け地によって実際はパワーが異なり、日本仕様はパワーダウンしている。

そうでないと599GTO（670PS）は、カタログデータのパワーはEnzoと同等で、車重は200kg以上重いのに、Enzo以上の加速をすることの説明がつかない。

Enzoは車重が軽いので（1255kg）恐怖の加速をするが、よく出来たトラクションコントロールのお陰で、意外とアクセルを踏めてしまうことに驚く。

599は最初、パワーよりも大型化されたボディーに慣れるのが大変だった。Enzoと同じパワーで車重が重い印象だ。カタログデータのEnzoマイナス40PSは、Enzoに対する遠慮だろうと思った。

599発売当初は、Enzoと同じエンジンでこの値段（8000万円 vs. 3500万円）というお得感があったが、年数が経った上、同系統のエンジンが搭載される車種も増え、有難味が減った気もする。

599GTOは、599比でパワーアップと軽量化の両方が効いている。また、コーナリングの動きも599と比べ速くなっているので、カタログデータのパワー差よりも相当速く感じる。

FFは四駆の上、フェラーリ史上最重量(1800kg)という、今までに例がない車である。そのため、印象は上記他のモデルとまったく異なる。重い車を強力なパワーで加速させる、たとえばベントレーやAMG S63等の重量級スポーツカーに近く、ライトウエイトの軽快感とは対極に位置している。

F12や812も、F430から458、そして488に変わった時と同様の印象だった。並のドライバーでは本来扱えないはずのパワーを、トラクションコントロールや可変ダンパーで抑え込んでしまうため、あっけないほど簡単に大パワーを享受できる代わりに、路面との距離感が増して宙に浮いたような印象を受け、まさにUFOである。

ここまで大パワーかつ洗練されてしまうと、599までの、いかにも一所懸命に機械がガチャガチャ作動しながら走る人間臭さが懐かしく思えてくる。

Enzo系エンジンのメンテナンスは、やっぱり同時期のF430系エンジンと同じような感覚だ。基本は消耗品の交換+ヘッドカバーなどのオイル漏れ修理程度で、たまにウォーターポンプやオイルポンプ周辺の漏れ修理など。昔の12気筒と比べると、段違いで手間が掛からず拍子抜けする。

ただ、弊社工場では今までなかったが、エンジンオイルに質の低いものを使うと、エンジンを壊すケースもあるとのこと。

ということは、この系統のエンジン耐久性は、オイルの性能に頼る部分が大きいことになる。なぜか考えてみたが、エンジン内部で油膜切れが起こると致命的な、シリンダーやメタルなどの部品が相当高温になる、くらいしか思い付かない。

それまでは、どのエンジンでもオイルは頑なにShell HELIX 5w-40を指定していたが、Enzo系エンジンからは、10w-60という新しいオイルが指定されたことと、大いに関連していると想像する。

モデル別エンジン❹
（続その他）

Dino206 / 246GT

公式にフェラーリエンジンとして登場した308のV8以前に、別ブランドのDinoとしてV6モデルが、2Lと2.4Lの2種類存在し、それぞれ206GTと246GT（以下、それぞれ206、246と表記）に搭載されていた［Fig. 1-85–86］。

エンジンの搭載方法において、続くV8モデルの礎となったこれらのエンジンを、簡単であるが私なりの視点で解説してみたい。

206のエンジンは、バンク角が65度（後のV8モデルは全て90度）という、変則的な角度を採用している。これは、バンク間にキャブレターを収めるため必要最低限の寸法だけ確保して、なるべく狭角化した結果であろう。使われるクランクは120度をベースとするが、左右バンク間でクランクピンをオフセットした、かなり凝った構造を採用しており、その結果、120度クランクの直列6気筒と同じ、均等な点火間隔となっている［Fig. 1-87］。

シリンダーブロックの材質は、206でアルミ、246で鉄となる。246で鉄へ材質変更されたことから、それはコストダウンだという論調を見かけるが、それは間違いであろう。それぞれのエンジンを見比べると、鉄製のブロックは206比で6.5mmボアを拡大しており、シリンダーヘッドを止めるボルトぎりぎりまで削り込まれている。これを仮にアルミで製作すると、シリンダーライナーを入れる寸法の余地がないことは一目瞭然だ［Fig. 1-88–89］。

その目的は、エンジン外寸を変えない前提で、限界まで排気量アップすることであり、そうするとニカジルメッキなど存在しない当時は、アルミ材では成立しないので、独立したシリンダーライナーを必要としない、鉄へ材質を変更し実現したと解釈すべきだ。

シリンダーヘッドは、DOHCの2バルブで半球形燃焼室という、後のフェラーリと同様の構成だが、Dinoの場合は、可能な限りバルブを大径化させた上に、燃焼室の球面にバルブの傘部分をぴったり沿わせるために、インテークとエキゾーストでバルブの挟み角を変え、エキゾーストバルブの方が小径のため、挟み角を大きく設定している。そのため、エキゾーストバルブの方が長く、バルブを直押しするカムは、燃焼室のセンターを基準として、インテークより外側にオフセットされている。

後のV8モデルはそこまで凝った構造でなく、クランクは4気筒に似た180度クランクを両バンクで共用したもの、バルブはインテークとエキゾーストの挟み角が同じ構成となっている。

エンジン本体の鋳造部品は、206、246ともに、ほぼすべてFIAT社が製作している。それは、同社が製造した部品全てにFIATと刻印されていることで容易に識別できる。特に206のマグネシウム材質のヘッドカバーも同社製だったのには驚き、さらに、少ない生産台数にもかかわらず、同社製の鋳造部品には、償却がとうてい無理であろう金型が使われており、商売抜きで開発に携わるその本気度にも驚いた[Fig. 1-90]。

これらを観察した結果をまとめると、206GTのエンジンは、2Lというキャパシティーの中で、全長は3気筒と同等に、全幅を決定するバンク角も、V6のセオリーである120度バンクで120度クランク通りにせず、限界までの狭角とすることで寸法を抑え、そのデメリットである点火が不等間隔になることを、複雑なクランクシャフトを用いることで解決している。コンパクトにまとめながらも直列6気筒と同等の性能とスムーズさ、すなわち高回転化を実現し、なおかつ加工の工程が複雑になっても、燃焼室を当時最良とされていた真球形に近づけていることから、当時の技術を結集したレーシングカーが出自という謳い文句は、まさにその通りだと感激した。

246GTは、それをベースに排気量をアップすることで、鉄製シリンダーブロックによる重量増のデメリットを、大幅なトルク増で相殺し、出自を継承しながらも扱いやすさが向上したエンジンとなっている。

旧世代のターボエンジン

1980年代中盤に登場し、1990年代初頭まで生産されたフェラーリの旧世代ターボは4モデルあり、288GTO、308ベースの208ターボ、328ベースの208ターボ、F40だ。

これらのエンジンに共通する特徴は、308のエンジンをベースにピストントップや燃焼室を凹ませることで低圧縮化して(F40で圧縮比8.5)いることと、カムシャフトはNAと同様な部品を使用していることだ[Fig.1-91–92]。

どのエンジンも当時のターボらしからぬ超高回転型で、8000rpm前後まで常用となる。

以下、各モデル別に解説してみたい。

208ターボ

208ターボは、ボディーが308と328ベースの2種類が存在するが、モデル名が同じなのでややこしい。328ベースのモデルは、308ベースではなかったインタークーラーが装着された。燃料噴射はNAと同様、K-ジェトロで行う。

これらは同時期のNAモデルより、良くも悪くも当時のフェラーリらしさを凝縮したようなエンジンであった。NAより高速側にバルブタイミングが設定されており、スカスカの中低速トルクからカムに乗ると同時にブーストも立ち上がり、そこから一気に吹け上がるという、NAよりさらに痛快さを増したエンジンになっている。そのデメリットとして、アイドリングや低速ではキャブ車のように気難しく、車庫入れなどではエンストを連発するほどだ。

ベースが横置きV8のNAモデルに、シングルターボを装着しているため、後付けの無理やり感は否めない。元々余分なスペースがないところ、無理やりタービンやウエストゲートなどを押し込むようにレイアウトしているので、エキゾーストの配管は複雑かつ冗長になり、喩えると当時の後付けターボキットのような佇まいだ。

288GTO

288GTOは、V8ミッドシップでエンジンが縦置きされた初のモデルとなる。縦置きエンジンのツインターボのため、吸排気系は左右対称でレイアウトに無理がなく、かつ吸排気のパイプ長が最短になるよう設計されている。今となっては360モデナと同等の加速だが、1980年代半ばの当時、2855ccで400PSは相当なパワーであった[Fig.1-93]。

ベースエンジンの308から圧縮比や排気量の他にも変更点は多く、ドライサン

プ化、マグネシウムパーツの多用、燃料噴射はマニエッティ・マレリー社が製造する、エアフローセンサーを持たないD-ジェトロ方式(エアフローセンサーの空気抵抗がないというメリットを持つ)へ変更された。さすがはスペチアーレという内容である。これらの基本構成は、F40に受け継がれていく。

このエンジンは、いわゆるドッカンターボにならないギリギリの匙加減でセッティングされているが、軽量だが剛性は低いボディー、当時のフェラーリにしては随分と固いサスペンションセッティング、そして現在の感覚からすると全然効かないブレーキなど、ボディー側は癖が強いため、車としての印象は独特なものとなり、直線加速は爽快だがブレーキングやコーナリングになると一気に難易度が上がり、それを一言で喩えると、猛進する猪のようだ。

F40

その後排気量が3Lに拡大されたエンジンが、F40に搭載される。国産車でいうとNSXやGT-Rが登場する前であり、当時は、3Lのツインターボで過給圧は1.3barまで許容範囲、8000rpmからレッドゾーン、そして500PS近くを発生するという、桁外れの性能であった[Fig.1-94]。

ブーストが掛からない状態ではただの低圧縮エンジンなので、レスポンスは悪くトルクも細いのだが、排気量が大きいため低速の気難しさはそれほど感じない。いったんブーストが掛かると、ABSやASRなどドライバーを補助してくれる制御が一切存在しない時代の500PSであり、ブーストメーターが上がり始め、次は急激にトルクが立ち上がるであろう瞬間に、緊張感と期待感が混ざり身構えながら運転するという、現代の車では体験できない車との格闘感は、現在においても無二のものだ。

288GTOもそうだが、旧世代の技術で頂点を目指している上、F40の後期型で空燃比制御が追加された他のフィードバック制御がなく、その引き換えでメカニックの調整箇所が多い。例えば、8連スロットルの同調、エンジンコントロールユニットに設けられた空燃比調整のトリマー、機械式ウエストゲートが作動するブースト圧の設定など。それらを調整するにあたり、気温が低いと空気密度が高くなる、高速なほど走行風により過給されるなどを加味しないと、ピンポイントの高性能が維持できないという、触る人のスキルで性能が変わるエンジンでもある。

新世代ターボエンジン

その後10年以上の空白期間を経て、カリフォルニアTでターボモデルが復活した。ここで488の項で解説した内容を補足すると、復活後のターボエンジンは、年々厳しくなる排ガス規制に対応させるため、燃焼や熱効率を高めることを主目的としている。

ハイパワー車でも排気量を4L以下とし、高過給のターボを装着、シリンダーヘッドを出た排気ガスは、その温度低下を極力少なくするため最短距離でタービンに送り込むために理想的なタービンレイアウトを優先し、エンジン本体は無理してでもコンパクト化することは厭わず、燃料はシリンダー内に直噴することで、噴射量を緻密にコントロールする。

これらの手法は、AMGなど他メーカーと同様であり、現在においては規制とパワーを両立させる最適解なのだろう。旧モデルから技術的に何段も一気に飛び越え、ここまでしないとハイパワーエンジンは生き残れない、スーパーカーといえども特別扱いではない厳しさを感じさせる。

かつて1970年代中ごろ大きな規制が施行され、それに対応するためフェラーリに限らず軒並みエンジンはパワーダウンしてしまったが、当時とは比較にならないほど規制が強化された現在でも、それを上回る技術を駆使することによりパワーアップを成し遂げている技術陣の努力には、頭が下がる思いである。

IV

エンジン関連の注意事項

エンジンオイル選択

よく聞かれる質問に、「エンジンオイルは何がよいですか？」がある。

私にとっては、なかなか難しい質問だ。オイルの種類は、粘度違いの同一ブランドまで含めると膨大になる上、ブランド、成分、値段と、オイルに求めるものが人によってまったく違うし、販売側も自社が一番と譲らないから、関わると正直面倒な世界というのもある。

そこで、私の回答は、「色々試して自分に合ったオイルを使って下さい」という素っ気ないものになってしまう。

だから、ここではShellの純正オイルに絞って書いてみたい。

599系エンジン以外の純正オイルは無難だし安いが、5w–40と粘度が低いので、日本の気候に合っているのか少し疑問に思う。少なくともサーキット走行などには向かない。

サービスマニュアルには、5w–40のオイルを10000kmごとに交換と書いてあるが、それで本当に大丈夫かとも思う。

599系エンジンに指定されている10w–60のオイルは、当初はものすごく高価で12000円/Lだった。このオイルが純正指定された頃、まだ599は存在せず、適用車種がEnzoだけで、オイル交換が総額20万円だった。

当初はそんな価格だったオイルも、599にも指定されたので数が出るようになったのか、少しずつ値段が下がっていき、現在では4800円/Lにまでなった。

日本の環境では、すくなくとも指定の半分の距離で交換することをお勧めしたい。

多量のエンジンオイル消費

エンジンオイルの減りが早いのは、フェラーリエンジン全般の特徴だ。大体1L/1000kmが平均値だ。すでに触れた通り、4バルブ化以降は膨張率が大きい鍛造ピストンの使用により、ピストンクリアランスが大きく設定されていることや、F355前期より以前はバルブガイドの摩耗が早いので、オイル下がり量が多いことなどが原因である。

ボクサーエンジンに限っていえば、シリンダーが水平なので、エンジンを停止してもシリンダー内のオイルがオイルパンに落ちずに残り、次にエンジンを始動する時、盛大に燃えるからという理由もある。

1000kmで1L減ってしまうということは、V8モデルの場合は全オイル容量が12L前後だから、オイル量を点検しないまま5000km走ってしまうと、オイルが規定量の半分近くになる可能性もあり、相当危ない。

ほぼすべてのフェラーリで、オイルレベルのMINとMAXの間は2Lくらいなので、MINまで減ってしまう前に、1000〜2000kmごとにオイルレベルを点検することは、エンジンを長持ちさせる上で必須である。

タイミングベルト

タイミングベルトは、308や365BBから612に至るまで、40年以上にわたり使われてきた定番の機構である[Fig.1-95]。

ちなみに、当時のV8とV12ボクサーエンジンがタイミングベルトでも、コロンボ系統のV12気筒エンジンはタイミングチェーンだった。

その理由を考えてみると、ミッドシップはドライバーの直後にエンジンが搭載されるので騒音が耳につきやすく、当時の技術ではガチャガチャした作動音が消せなかったろうから、静粛性の理由でタイミングベルトの方式が採用されたと想像できる。

他には、チェーンケースのように、カムを駆動するためのチェーンやスプロケットなどの部品を、エンジン内部に密閉しながら組み立てる必要がないので、組み立て性がよいというメリットもある。

そんなタイミングベルトにも、皆さんご存じの有名な欠点がある。ゴム製部品の宿命で、定期的な交換が必要なことだ。

たとえばF355の場合、サービスマニュアルによれば、4年または60000kmのどちらかに早く到達した時点で交換指定されている。たいていの場合、4年以内に60000km走行しないだろうから、実質4年ごとである。

日本車と比べると、大体半分の期間で交換指定なので、タイミングベルトの寿命に関して、「本当はどれくらいもつの？」という問い合わせが多い。

万が一切れたりすると、フェラーリの場合まず間違いなくバルブが曲がるので、修理はヘッドオーバーホールになり、費用は100万円を超えるのは確実だ[Fig.1-96]。

1990年代前半の、ベルトの品質があまりよくなかった頃は、ベルトの山が飛んでなくなり、カムが回っていなかったテスタロッサなど、切れたら怖いという実例を作業する側から実際に見ると、リスクと比べたらベルト交換費用は微々たるもの

だと思う。

現在ベルトの品質は、当時とは比べ物にならないくらい向上しているが、責任を持てないのでメーカーの指定を超えた案内はせず、「指定サイクルで交換お願いします」と答えるようにしている。

他にも、ベルトが伸びると弊害も出る。ベルトが伸びると、カムの作動はバルブタイミングが遅くなる方向にずれる。伸びたベルトを新品に交換するだけでタイミングが元に戻り、エンジンの調子がよくなることもある。

F355以降の、油圧テンショナーを使って自動でベルトを張ったり緩めたりする機構が付いている車種は、ベルトが伸びてくるとバルブタイミングのずれが大きい。バルブとピストンのクリアランスも狭く、超高回転型エンジンなので、特に気を使う必要がある。ベルトのコマ飛びがなくても、バルブとピストンが当たった実例がある。

かつてF355のタイミングベルト交換は、まずはエンジンを降ろしてから作業していたが、弊社工場では、他にオイル漏れ修理などを伴わない場合限定で、作業工程の工夫でエンジンを降ろさずに交換することもできる。

その方法で作業した場合、作業時間が短くて済む(=工賃が抑えられる)のと、オイルを抜かないのでオイル類の交換サイクルをベルトに合わせなくてもよいメリットもある。

燃料供給系

1990～2000年のモデルは、燃料ホースのフィッティングにアルミ素材を用いていたため、脱着を繰り返したり振動が多く加わったりすると、クラックが入る例が多かった[Fig. 1-97]。

そのため、スペチアーレを除いた、ほぼすべてのモデルでリコールやキャンペーン等で対策され、現在は鉄製のフィッティングに変更されている[Fig. 1-98]。

対策された後のこれらのモデルは、消耗品であるポンプとホース、燃料フィルターを定期交換していれば、他のトラブルは稀であるが、長期保管の時にガソリンの銘柄によっては、タンク内の燃料ポンプに析出した石のようなものが付着し、ポンプを壊す例が多い。

360以降は、以前のようにポンプが止まってしまうトラブルは激減したものの、360、F430、599、612で、燃料漏れを起こす症例が最近増えている。漏れた場合、ポンプで加圧された燃料が激しく噴き出す。また、V8ミッドシップではエンジンルーム前端の左右という取り付け位置なので、エキゾーストマニホールドなど高温になる箇所と近く、発火の危険性も高い[Fig. 1-99–100]。

根本的な原因は材質の選択にある。燃料の圧力を一定の範囲に制御するプレッシャーレギュレーターと、燃料の出口がプラスチック製のため、高圧と振動の両方が加わる状況では、クラックが入りやすいためだ。

360～F430前期までは、それなりにメンテナンス性を考慮した設計だったが、F430後期以降はメンテナンス性が悪化し、エキゾーストマニホールドを外し燃料タンクをずらして交換するので工賃が高くなる。

また、旧いモデルは部品価格が高騰しているため、特に360スパイダーでは部品代が20万円を超える。さらに360スパイダーの初期型では燃料ポンプを交換するのに幌の脱着が必要なため、かなりの金額になってしまう。

これは12気筒でも、同様の品を使う599や612でも発生し、V8より全般的に距離の伸びが少ないため、現在のところ発生は少ないが、今後増えていくであろう[Fig. 1-101]。

当初装着されていたポンプは白だったが、現在供給される品はベージュ色となる。これは、何らかの対策が行われた部品であることを識別する目印かもしれない。

キャブレター調整法

キャブレターの調整は通常のメンテナンスであるが、どれだけ手間がかかるか紹介してみたい[Fig. 1-102]。

キャブレターはそもそも、各気筒が吸入する空気の量や空燃比を、すべて人の手で機械的に調整する構造である。

内部は、もっとも細いところで1mmに満たない通路を、ガソリンや空気が通るので目詰まりを起こしやすい。点火系以外が原因でエンジン不調の時は、まずはキャブレターを調整しながら診断を進めることが多い。

調整とは、どのようなことをするか。以下手順を追って書いてみたい。

1） まずはエンジンを温め、点火時期の確認の後、調整を行う。スロットルの開度で各気筒の吸入空気量を合わせ、スロットルで調整しきれなかったアイドリング時の吸入空気量の値を、バイパススクリューを最低限開くことで合わせる。

2） スロットルのストッパーでアイドリングの回転を決める。それからスロットルリンケージの長さを調整しながら、スロットルを開けた時の吸入空気量を合わせて、スロットル関係の調整は終わる。

3） 各気筒のアイドルアジャストスクリューを回し、気筒ごとのアイドリング回転時の空燃比を合わせていく。基本はアイドリングが高くなるポイントに合わせるが、アイドルアジャストスクリューといっても、アイドリングだけに関係するわけではなく、アクセル開度が少ない時や低回転の時、またアクセルオフの時にも関係するので、そのすべてでよいポイントを探り当てる。この調整は、カムの作動角が大きい車ほど、難易度が高くなる。

書くのは簡単だが、気筒ごとに調子の良し悪しを判断しながら調整するので、神経を研ぎ澄ましエンジンと対話する感じになる。

苦労して合わせても、気候の変化や、エンジン内部の微妙な機械的バランスが変わり、それに応じて吸入空気やガソリンの最適値が変わったとしても、キャブレターは前回調整したままの燃料を供給するだけなので、だんだんと調子が悪くなる。そうしたら、再度同じ調整を行うことになる。

現代の車は、O2や吸気温度センサー等の信号を基にフィードバックし、車が常時キャブレター調整と同様な空燃比の補正を行う。制御技術の進化で、以上の手間から解放されたということだ。

スーパーカーブームの頃に現役でフェラーリを触っていた諸先輩方が、最近はいなくなってしまったこともあり、キャブレター調整は廃(すた)れゆく技術だとは思う。これは次世代に伝えねばと思うものの、感覚的な部分が多いので言葉では説明が難しく、正直苦労している。

ポイントとかキャブレターとか今時のメカニックに言っても、大半の人は教科書でしか見たことがない代物だろう。それに加え、修理＝部品交換しか経験がないメカニックは、調整で激変する世界は想定外なようである。

バルブタイミング調整

どのフェラーリエンジンでも、バルブタイミングは細かく調整できる構造だ。ちなみに、ここで言うバルブタイミングとは、ベルトのコマ位置が合っているかいないかという大雑把な話ではなく、もっと細かい話である。

V8はF355、12気筒では456系までのエンジンは、カムとカムプーリーそれぞれにピンを挿すための穴が多く開いていて、その位置を挿し替えることでバルブタイミングを調整でき、たとえば1度だけ変更することも可能である［Fig. 1-103］。

360以降では、カムプーリーを固定するボルト穴が長穴になっているので、より高い精度で調整可能になった。

フェラーリは独特なバルブタイミング測定方法を採用している。シムでタペットクリアランスを調整するタイプは、タペットクリアランスを0.50mmに設定した後、カム山とタペットシムが接触もしくは離れる瞬間のクランク角度が基準値になる。

油圧タペットを採用しているモデルでは、モデルごとのリフト量が設定されていて、そのリフト量になった時のクランク角度が基準値になる［Fig. 1-104］。

どちらも誤差が出ないよう工夫された測定方法だ。

5バルブのモデルは、吸気側センターの作動タイミングは10度違うので、両端どちらかのバルブで測定を行う。

サービスマニュアルでは、クランク角で基準値±1度の範囲に調整するよう指定されている。かなり高精度なので、測定、調整には熟練を要する作業だ。

ずれが2〜3度の車でも、調整し直すと確かに多気筒のハーモニーが整い、エンジンが静かに感じられ、実に上品で気持ちよい回り方に変化する。

1990年代以前は、自ら定めた基準で新車のエンジンを組み立てられていなかったことが、かつてのフェラーリらしい。タイミングベルト交換のついでに測定すると、基準に入っていない個体が多かった。

当時のエンジンを調整する時は、測定の手順が多くなる。

フライホイールに打ってある上死点マークは、実際の上死点から2～3度のずれは当たり前なので、ダイアルゲージでピストントップ位置を測定し、同じくカムに打刻された合いマークも信用できないので、クランクに分度器を取り付けてバルブタイミングを測定することが、本来の性能を発揮させるためには必須だ。

カムに打刻されている合いマークが信頼できるようになり、それを基準にタイミングを合わせても大丈夫になったのは、F355以降のことだ。

冷却系——高い設定温度

フェラーリは冷却水の標準温度が高い。F355までは、水温の設定値は90℃が標準で、それ以降のモデルになると100℃前後になる。他メーカー車とは適正値が全然違うので誤解を招き、水温に関する問い合わせも多い。

水温を高く管理するメリットは、エンジン熱効率の向上だ。水温が高いほど、燃焼したガソリンの熱が冷却水に逃げず、ピストンを押し下げる力になるからだ。標準水温の高さは、徹底してパワーを追求する姿勢の表れなので、車種ごとに設定されている標準温度の範囲に収まっていれば問題ない。

水温の管理は、規定よりも温度が上がった時に、ラジエーター・ファンを回して水温を下げている。モデルによって数値は異なるが、水温計の真ん中の目盛りに書いてある数字が、設計上の水温という理解で間違いない。

348までのモデルは、水温90℃でファンが回り、86℃くらいまで下がるとファンが止まるという、普通の乗用車に近い制御だったが、モデルが新しくなるにつれ、標準の温度を上げながら、温度変化の幅をさらに狭く、緻密に水温をコントロールする方向性へ進化している。

F355からは、サーモスタットの開く温度が高くなり、サーモスタットが全開になる90℃手前から、2つあるファンのうち片側が回り出し、93℃になると両方のファンが作動するので、89℃～93℃の間で水温をコントロールする設計になっていることが分かる。

また、F355や456系など1990年代のモデルに特有の事象として、水温計の表示誤差が大きい場合がある。その時は水温が高めに表示されるので、誤差が大きいなと思った時は、私はエンジンのコンピューターにテスターを繋いで、エンジンをコントロールしている水温センサーの信号を呼び出して比較し、その値を基にメーターを補正することにしている。ちなみにメーターの補正は、メーターの信号入力ラインに抵抗を追加してやることで簡単にできる。

その後のモデルでは、上記F355の設定温度と制御から、全般に10℃ずつ上げた値になっている。2つのラジエーター冷却用ファンは、それぞれLoとHiの2段階で回すようになり、より高温を保持しつつも緻密な水温管理を目指している。

フェラーリの水温計は、温度を具体的に数字で記載しているがゆえに、損をしている気がする。日本車の水温計は目盛りだけで、まず数字が記載されていない。フェラーリは高い設定温度を正直に表示しているので、心配するオーナーさんから質問をよく受けてしまう。

ラジエーターについて

フェラーリのラジエーターは1980年代までは真鍮製で、その後登場したモデルからアルミ製となった。アルミ製といってもモデルにより構造は違い、12気筒はオールアルミで製作する例が多いのに対し、V8はタンクやホースの接続部分は樹脂製なことが多い。また、発生する熱量に対し、割と小ぶりに見えるサイズが特徴であることは、これまで述べた通りだ。

ラジエーターから冷却水漏れを起こすトラブルは、1980年代以前のモデルならば腐食で穴が開くことも仕方ないが、それ以降では圧倒的にF355が多い。コアがアルミで、それに付属するタンクやホース取り付け口が樹脂という、複数の素材を組み合わせた構造が初採用されたラジエーターのため、熱や振動、経年により、プラスチック部分の劣化具合を想定できなかったことが根本的な原因だろう。次第に樹脂部品は変形していき、アルミのコア部分との隙間が開いて水漏れを起こす〔Fig.1-105〕。

しかも、現在は生産終了品のため新品の入手は難しいのに、壊れると走行に支障をきたす部品なので、弊社では現在、社外品へ交換して対応している。それ以降のV8モデルでも、同様に素材を使い分けた構造なので、今後のトラブル増加が心配される。

他に特筆できるのが599で、オールアルミで製作されたラジエーターが、フレームにリジットに近い方法で取り付けられているため、振動の影響を大きく受けやすく、ラジエーター本体にクラックが入り、冷却水漏れを起こした例が何件かあった。これは今後も増えることが予想される。

このラジエーターは60万円超という高額で、しかも交換するにはバンパーやヘッドライトを外さなければならないため時間もかかる。新品ほどの耐久性が確保されないことを了承していただいた上で、クラック部分を溶接で補修することも可能であるが、新品で交換した場合は、工賃も含めた総額は弊社で80万円前後になる。この例も含め、今後599を維持するには、かなりの出費を覚悟する必要があるだろう。

私がマフラー交換をお勧めしないわけ

348から始まり、F355～360で絶頂期を迎えたマフラー交換。それ以前は、マフラー交換は一般的ではなく、どちらかというと、フェラーリという完成された車の部品を社外品に交換するとは何事と思われていて、選べるマフラーの種類も少なく、せいぜいANSA、爆音仕様はケーニッヒしか選択肢がなかった。

フェラーリ全般においてノーマルマフラーの耐久性は高い。クラック等で修理するのは328以前が多いので、平均で30年くらい持つよう頑丈に作られている。

ただ、F355のエキマニだけは例外で、パイプが溶けて穴が開くトラブルが多い［Fig. 1-106］。

ノーマルマフラーで音がよいと言われるようになったのは、F355の最終型からである。初期型は以前のフェラーリの延長上にあり、アイドリングは、いかにも空燃比が濃い感じのドスドスと太く重い音で、回転が上がるにつれ高音に変化する。

その後、XRでM5.2になってからは、エンジンの負荷が軽いアイドリングやアクセル開度が少ない時の空燃比が薄くなり、点火時期も遅くなったので、その領域では独特の抜けるような排気音に変化した。

排気のバイパスバルブが開いた時の音が、同じXRでも1997年までと1998年以降で明らかに変わっているが、サイレンサーの部品番号は変わっていない。だが1998年以降は、明らかにサイレンサー内部での共鳴音が増え、F355は音がよいといわれる所以（ゆえん）になっている。

意地悪な見方だが、最終に近づくに従い車重は増加した（特にF1システム採用車）上、パワーダウンしたのと引き換えに、演出として音をよくしたのでは、と想像している。

それまでは、あまり気にされていなかった排気音は、F355でレーシングカーのような甲高いエギゾーストノートを得たことにより、急に脚光を浴びることになる。他のモデルでも、F355のような音が出ないかというお客さんが増え、F355以前のモデルでもマフラーを交換して音を楽しむことが一般化した。

F355以降のモデルは、排気量増により新しいモデルになるたびに排気音が低くなったが、それでもF355と同じ音が出ないかと言われる。

F430以降のモデルは、そもそもの排気音自体が低いので、F355のような甲高い音を出そうとすると、サイレンサー内部で音を共鳴させ、さらに、異なる長さのパイプで排気の経路を複数作り、その後合流・干渉させる方法になってしまう。

こうなると、マフラーというよりも楽器だ。

それでも音が甲高ければOKという風潮がエスカレートすると、効率よく排気してパワーを上げ、消音する部品という本質から、どんどん逸脱するのではないかと心配している。

純正は、かなり入念に熱対策も施され、さらにミッドシップのモデルでは、クラッシュした際の衝撃吸収ゾーンでもある。はたして社外品はそこまでのレベルをクリアしているのか、はなはだ疑問でもある。

また、マフラーを交換するとメーカー保証の対象から外れてしまうデメリットもある。

だから私は、マフラー交換をお勧めしていない。

排気バイパスバルブ

F355以降のモデルで採用になった排気バイパスバルブについて、多少の解説をしてみたい。

バイパスバルブとは、エンジンの状態に応じ、マフラーの通路を自動で切り替える装置のこと。高回転で出力が必要な時は、バルブが開いて排気抵抗が小さく、音はうるさくなり、それ以外はサイレンサー容量が大きくなるので、中低速トルクが増えて音は静かになる。

バルブ自体の構造と作動原理は単純で、タンクに溜めたエンジンの負圧を動力として、配管途中に設けられたソレノイドバルブを開閉することで負圧を断続し、ダイアフラムを動かしてバルブを開閉する。

ソレノイドバルブのコントロールはモトロニックのECUが行い、よく勘違いされるポイントだが、単純にアクセル開度や負圧の値だけでなく、エンジン回転なども含めたデータを基に、モトロニックECUが計算した結果、どれだけのパワーが必要かという基準でバルブを開閉している。

この開閉基準はモデルや年式で差があり、もっとも開きにくいのがPR以前のF355で、1速ギアではほとんど開かない。その後のモデルは、アクセル開度が優先されている。

F355以降のモデルは、エンジン始動前はバルブが開いていて、エンジン始動と同時にバルブが閉じるようになっている。だからエンジン始動の瞬間は、一瞬炸裂するような音がしてから、通常のアイドリング音量になる。

また、上記の通りバキュームタンクの負圧を動力としているので、長い期間エンジンをかけなかった時は、内部の負圧は抜けてなくなっているので、エンジン始動後タンク内の負圧がバルブを動かせるようになるまで、マフラーの音がうるさくなることもある。

まとめ

ここまでエンジンのことを書きながら今までの苦労を思い出し、数々のトラブルに悩み戦ってきたなと、なぜか感無量になった。

同時に、過去から現在までの傾向、エンジンが新しくなるに従い、信頼性や耐久性が向上していく様を自分のなかでまとめられたことは収穫だった。

トラブルシューティングで初めての症状に当たった時は、機械の仕組みや物の道理から理解しようと、手を動かすより考える時間が長くなるので、その時は時間ばかりかかってサッパリ進まないことが多く、それでオーナーさんには時としてご迷惑をかけてしまうこともあったが、お陰で、これだけのノウハウを蓄積することができたのだと思う。

次章ではトランスミッションについて書きたいと思う。特にF1システムについては詳述してみたい。

Il Capitolo

Due

第二章

トランスミッション

Trasmissione

Il Capitolo Due

T r a s m i s s i o n e

はじめに

この章では、いわゆる駆動系の話をしたい。

フェラーリ駆動系の機構は、レイアウトも含め保守的か独特かの両極端の傾向がある。そのなかで、独特な構造の解説と、メンテナンスの難易度が高い事柄を中心に解説を進めていきたい。

フェラーリは、F355や550マラネロに至るまで、一部の例外を除きマニュアル・トランスミッション（以下、MT）にこだわり続けていた。

トルクコンバーターを用いたオートマチック・トランスミッション（以下、AT）しか存在しなかった当時は、変速の遅さやトルクコンバーターの滑りが、キャラクターに合わないと考えたのは当然と思う。

その後はマニュアルミッションを油圧で変速させるF1システムになり、458やF12以降はデュアル・クラッチ・トランスミッション（DCT）へと進化した。

根本に共通しているのは、変速スピードとダイレクト感の追求（＝変速が楽しい）である。

フェラーリ独特な変速機構の進化と、基本的な構造やウィークポイントの解説から始めてみたい。

I

トランスミッションの基本

1 MTとATとDCT

シフトゲート

シフトゲートの存在は、フェラーリならではの特徴である[Fig. 2-1]。

部品点数や生産工程が増えるうえに、定期的な調整も必要なため、まず量産車では採用されていない。ゲートの他にも、レバーからミッションへ変速の動作を伝える部品に、1本物のスチールパイプを用いた車種が多く、製作に手間が掛かっても操作時の剛性感を追求し、強いこだわりを感じる。

メリットは、どのギアに入っているか一目で分かること。あと、これぞフェラーリのシフトレバーという、伝統デザインとしての意味も強いと思われる。

シフトゲートは正確なレバー操作しか受け付けない上、全般にレバー操作は重く、さほどシンクロ(Synchromesh MTのシフトチェンジをスムーズにする機構)は強くないので、昔のモデルで素早いシフト操作は難しい。速いシフト操作に応えるようになったのは、意外に思われるかもしれないがF355以降である。

シンクロとトランスアクスル方式

シンクロの進化は他メーカーのスポーツカーよりも遅く、すべてのギアにシンクロが装着されたのは、V8は348以降で、なんと1990年代からである。

328以前はバックギアにシンクロがないので、完全に停車してからクラッチを踏み直さないとバックに入らなかった。それを当時は故障しているから直してくれとよく言われた。

ダブルコーンシンクロの採用はF355以降であるが、全ギアではなく1速2速だけ使われている。そのためシンクロが消耗してくると、相対的にシンクロの利きがいちばん弱い3速ギアから入りづらくなる[Fig. 2-2]。

また、FR車では1960年代後半からすでに、後輪側にミッションを搭載したトランスアクスル方式が採用されていた[Fig. 2-3]。

フェラーリの場合は、エンジン直後にクラッチが付き、後ろのミッションまではトルクチューブで剛結される[Fig. 2-4]。

その内部で回転する、動力を伝達するシャフトは1本の長い棒で、ユニバーサルジョイント等の角度を吸収する機構はない。だから、一直線に並んだエンジン、クラッチ、トルクチューブ、ミッションそれぞれの回転軸を正確に揃えないと、ストレスがかかり部品の寿命が短くなる。そんな、高い加工精度が必要な方法をあえて採用している。

そのメリットは、ミッションという重い部品を後ろに配置することで、前後の重量配分を改善できること。加えて、エンジンからミッションまで剛結することで、重量物が一体となりバラバラに振動せず、ダイレクト感の向上にも貢献している。

性能が上がるならば、手間も顧みず採用するフェラーリの姿勢がよく表れている部分であり、現在のFR車も同様の構造を踏襲している。

ボクサーエンジン用ミッションの弱点

寿命に関しては、V8やFRは丈夫だが、ボクサーエンジン用のミッションは耐久性の低い部品が内部に複数存在し、かなり厄介な代物である。

365BB～F512Mは、エンジン下にミッションを配置し、パワーパック的に一体化させた設計のため、ミッションケースの寸法を大きく変更する余地がない。

内部の大掛かりな部品形状の変更は出来ないまま、エンジンのパワーやタイヤのグリップは上昇したので、ミッションへの負担は増大し、テスタロッサ以降はミッショントラブルとの戦いになる。

ミッション内部の弱い部分が破損する→対策品へ変更されるという対症療法が、結局最後のモデルF512Mまで続いた。

以下がよく起きたトラブルの内容だ。時系列順に並べたので、デフの項目も含んでいる。

割れるデフハウジング（テスタロッサ） … テスタロッサは、デフのハウジングが割れることが多かった。割れた状態でも意外と走れてしまうので気付きにくいが、そのまま走行を続けるとミッションケース横まで割れてしまう[Fig. 2-5]。
　そこまで症状が進むと、割れた部分よりミッションオイルが漏れ出すので、それで発見されることが多い。

シャフト破損（全般）……………………… クラッチからミッションへ動力を伝達するシャフトは、テスタロッサでよく折れた。どこのギアに入れてクラッチを繋いでも、車が動かない症状になる。後に対策され、強度を上げたひと回り太いシャフトが供給されるようになった（TR では最初からこのタイプだった）が、今度は強度が次に低いミッションのメインシャフトが折れるようになった。まるでモグラ叩きである[Fig. 2-6]。
　折れたメインシャフトの断面を観察すると、木の年輪のような模様が入っている。一気に捻じ切れるのではなく、クラックが少しずつ広がり、クラックが入っていない部分でトルクを支えきれなくなった時に折れるようだ。
　このシャフトを交換するには、エンジンごとミッションを降ろした後、エンジンとミッションを切り離し、ミッションをバラバラに分解する。そこまでしてやっと取り外せるという代物だ。ベアリングその他内部の消耗品も交換するので、300 万円オーバーになる。

ベアリング破損（全般）………………… ミッション前側で、メインシャフトの位置決めをしているベアリングも破損しやすい[Fig. 2-7]。
　ベアリング内部のボールが割れてガタつくので、シャフト前後方向の位置決めが出来なくなる。アクセルの ON、OFF やシフト操作時に異音が出ることから始まり、症状が進むと、このシャフトに取り付けられている 3 速ギアがミッションケースと干渉するので、3 速に入れると音がより大きくなり、最終的には 3 速ギアが入らなくなる。そこまでいくと、3 速ギアまで要交換になるので、上記同様ミッション本体を分解することになる[Fig. 2-8]。
　このベアリングの不具合は、症状が軽い時に発見できれば大事に至らず済む。他にダメージがなければ、エンジンを降ろさずミッションのフロントカバーを外し、当該ベアリングだけ交換できる。気付くタイミングの差で何百万円も修理代が変わるので、早期発見が重要である。テスタロッサ系の駆動系異音には、神経質な位でちょうどよいのかもしれない。

この系統のミッション内部の部品は最近でも改良されており、いつのまにか形状変更された部品が到着することもある。20年前に生産終了したモデルの部品も改良し続けるフェラーリの姿勢は尊敬にあたいする。

複雑怪奇なミッション（348　Mondial t　F355）

348、Mondial tとF355は、ミッション全長を極力短くするコンセプトで設計された。写真の通りミッション部分の全長は、上部に位置するデフギアの直径と、ほぼ同じだ［Fig. 2-9–10］。

それを実現するため、メインとカウンター2本のシャフトは、ミッションケース内部の最下部に横向きで配置されたので、それらのシャフトを回転させる動力経路が複雑になり、ギアの点数も多い。

言葉だけではイメージが湧かないと思うので、写真を交えて解説してみたい。

クランクの回転は、クランクに差し込まれたシャフトから、ミッションのいちばん後ろに取り付けられているフライホイールまで伝達される［Fig. 2-11–12］。

クラッチから、クランクからのシャフトと同軸で回転しているクラッチシャフトに伝達され、次は回転の中心を下げつつ減速させるためのギアが1組入る。

それからピニオンギアで回転方向を90度変え、ミッションケース最下部に位置するメインシャフトを回転させる。そのため、シフトカバーから繋がるギアを選択するためのシャフトも、同様に90度向きを変えた後にミッション内部の変速機構に伝達される［Fig. 2-13］。

選択したギアに応じてカウンターシャフトが減速された後、シャフト真上に位置するデフからドライブシャフトを経てタイヤを駆動する。

348よりも1速多い分、内部はF355の方が複雑な上、使われる部品はグレードアップされている。

たとえば、1速2速ギアは直径が大きく重くなりがちなので、軽量化のため複数の部品をレーザー溶接で組み立て中空にしている［Fig. 2-14］。

クラッチはミッション後端に位置するためクランクから長いシャフトでフライホ

イールを回転させる構造上、異音防止のためフライホールを通常より重くして、マスダンパーとしている。そのためエンジンのレスポンスを少々犠牲にしているのが、このミッションの残念な点だ。

ウィークポイント（348　F355）

内部のギアやシャフト等は丈夫である。私が今までこの系統のミッションをオーバーホールしたのは2基で、頻度でいうと10年に1基だ。

クラッチシャフト固定ナットの緩み（両車種）
……………………………………… クラッチシャフト裏のナットは緩みやすい[Fig. 2-11]。ここが緩むと、シャフトの位置決めが甘くなるので、回転中心がずれガチャガチャとした音が出るようになる。フライホイールの劣化が原因でも同じ音が出るので、フライホイールとシャフト両方を点検する必要がある。

クラッチシャフトからのオイル漏れ（両車種）
……………………………………… クランクからクラッチに動力を伝えるシャフトと、クラッチからミッションに動力を伝えるシャフトが同軸2重の構造になっている。互いの隙間にはテフロン製のリングが装着され、ミッション内部からオイルが出ないようシールしている[Fig. 2-12]。

このシールは摩耗し隙間ができるので、いずれクラッチの方にミッションオイル漏れが生じる。ここから漏れるとクラッチディスクにギアオイルが付着するので、クラッチの寿命を短くする原因になる。

クラッチ交換の際は、このシールリングも一緒に交換しておいた方がよい。

シフトのビビリ音（両車種）……………ミッション本体とは関係ないが、ここに分類しておく。シフトゲート真ん中の列上側のギア、つまり348では2速、F355では3速の時にシフトゲートから、エンジン振動がいちばん多い3000rpm前後の回転数で、かなり耳障りなビビリ音が出やすい。

原因は、シフトレバーに付いている樹脂製のボールジョイントシート（関節のような部品）が摩耗し、ガタが発生するため。修理するには、シフトレバーが収まるボックスごと取り外し、ボールジョイントシートを交換するとたいてい解決する。F355では、シフトロッド両端に圧入されているゴムブッシュが劣化しても同じ症状が出るため、同時に点検・交換する場合もある。

360以降

360以降のミッションは基本的に丈夫で、10年間サーキットで使用しても壊れなかった例がある。その上、割とシンプルな構造なので、従来の職人技を駆使して組み立てる煩雑さもなく、メンテナンス性も良好になった［Fig. 2-15–16］。

ただ、完全にトラブルフリーではない。ミッション真横に位置する触媒の熱が原因で不具合が出る場合もある。ミッションケース内部の触媒横辺りに収まるシフトフォークは、熱の影響を受けやすく、触媒の過熱や社外マフラーの取り回しが不適切だった場合、フォークのブッシュが焼き付き、ギアが入らなくなる例があった。

このケースでは、マニュアルミッションならばシフトレバーの動きが重くなるので割と簡単に診断できるが、F1システムではギアが入らない場合、クラッチ関係など他の箇所から点検を進めていくので、ミッション内部の機械的部分が原因の時は、特定まで時間がかかる。

360やF430など、シフトケーブル方式のマニュアル車では、触媒の熱でシフトケーブルが伸びるので、シフトレバーの位置がゲートからずれてしまい、ギアが入りにくくなることもあった。

トルクコンバーター付きAT

フェラーリでも少数ながら、普通のトルクコンバーターを使ったオートマチック・トランスミッション（以下、AT）を搭載したモデルが存在する。

いずれもFRの4人乗りで、400、412、456GTA、456M GTAの4車種だ。

400、412のATは、アメリカ車に使われていたGM400という品。当時300PSオーバーのパワーに耐えられるATは他になかったので複数のメーカーに供給され、ロールスロイスやベントレーなどにも使われていた。アメリカ車用の強みで、現在でも普通にリビルトできるのは有難い。

一方で、456GTAのATはリカルド社で作られた専用品。トランスアクスル方式でレイアウトされている。年間数百台しか生産されない車の専用品であるがゆえにおそろしく単価が高く、部品代だけで1000万円近くという、凄まじい金額になる［Fig. 2-17］。

これが現行の時代は、現在のDCTと同様な扱いで、不具合が出るとアッセンブリー交換になる代物だった。

事故でミッションケースが割れた時は、あまりの高額に保険屋さんも仰天し、例外なく話がまとまらず大事になる。

現在は分解修理できる業者さんが存在するので、機構部分の修理は可能になり、当時より維持は楽になった。

デュアル・クラッチ・トランスミッション（DCT）

V8のカリフォルニアや458、12気筒のF12やFF以降は、クラッチが2組内蔵されたゲトラグ製のセミオートマのミッションが採用される。デュアル・クラッチ・トランスミッション（以下、DCT）である。

そのメリットは、常に予測しながら同時に2つのギアを選択し、クラッチで切り替えるため、変速に要する時間が圧倒的に少ないことである。

シフトショックがないまま変速し、タコメーターの針だけ目まぐるしく動く様は、まるでレーシングカーの車載ビデオを見ているかのようだ。従来の6速から7速に、そして最近では8速化も進められており、性能に関してF1システムとは隔世の感がある。

このミッションは基本的に丈夫だが、稀にギアが入らない、抜けない等のトラブルが発生する。カリフォルニアや458などDCTの採用初期で年数が経った車での発生率が高い。現在は内部を修理するためのオーバーホールキットが供給され、分解修理が可能になっている。

といっても、不具合が起きやすい車速を検出するセンサーを交換する際、ミッションをバラバラに分解する必要があるため、修理代は100万円オーバーになってしまう。また、ギアの破損など機械的なトラブルな場合、アッセンブリー交換になってしまうのは、従来通りである。

458以降は他のトラブルが少ないだけに、確率は低いが一発で高額な出費になる箇所が存在することが残念である。

DCTが故障した際に多いのが、どこかのギアに入ったまま抜けなくなってしまうことで、その状態ではタイヤがロックしているため、そのままでは押しても動かない。それを解除するための工具が最近のモデルでは備品で搭載されている。

ミッションオイルクーラー／ヒートエクスチェンジャー

ミッションオイルクーラーが装着されるようになったのは、V8はF355、12気筒では456以降からだ。FR12気筒は、空冷のオイルクーラーをボディー後部に配置している。

現行に至るまでのV8に装着されているのは、正確にはヒートエクスチェンジャーで、通常のオイルクーラーとは少々役割が違う。つまり、エンジン冷却水の温度をミッションオイルに移動する部品である。ミッションオイルの温度が低い時は冷却水で温めるので、ミッションオイルの暖気が短い時間で済み、ミッションオイルが冷却水温度より高くなった時に、オイルクーラーとして機能する〔Fig.2-18〕。

旧いモデルのフェラーリで、寒い時期にギアが入りやすくなるまで手応えで確認しつつ、ミッションも暖気しながら走行する経験をされた方には、その有用性をたやすく理解して頂けると思う。

だが、サーキット走行でミッションオイル温度が想定より上昇すると、反対に冷却水の温度を上げる「クーラントウォーマー」として機能するので、オーバーヒートの原因になる。

2 クラッチとLSD

MTのクラッチ

意外に思われるかもしれないが、V8は全車種、12気筒でも512TR以降は、MT車のクラッチペダルは軽い。

クラッチの摩耗や内部の錆が原因で、レリーズやクラッチスプリングそれぞれ摺

動部の抵抗は増加し、動きが悪くなる。そうすると、操作に必要な力は増え、クラッチペダルは重くなる。ペダルが重いのは、程度が悪いということだ。

程度の悪い車がサンプルになり、その評価が発信された結果、すべてのフェラーリはクラッチペダルが重いと誤解されている。

操作系の意外な軽さと上質さはフェラーリの持ち味である。それを味わうためには、単にクラッチが減って滑ったから交換という修理から、よりレベルが高い、操作の質を本来のものに戻すためのメンテナンスも重要だ。

クラッチの概説

BB の頃までは、アスベストのシングルプレートクラッチが用いられていたが、348 の初期型や 512BBi からツインプレートになり、その後摩擦材の進化で 348 後期や 512TR からシングルプレートに戻る。エンジンの章でも述べた、アスベストから材質変更した際の苦労が偲ばれる。

F430 や 599 では、クラッチ直径を小さくしエンジン重心を下げるため、再びツインプレート化された。スペチアーレはすべてツインプレートである[Fig. 2-19]。

ツインプレートは外径が小さくても摩擦面積を増やせるメリットがある反面、特定の状況では急激に摩耗するデメリットもある。これは F1 システムの特性にも関連した事柄なので、詳しくはそちらで解説してみたい。

MT モデルは、ブレーキパットのように距離に応じて摩耗し、滑り始めて交換になるが、なかにはクラッチがウィークポイントのモデルもある。

F355、360 のクラッチ容量は、発生トルクに対して余裕がない。だから S タイヤなどハイグリップタイヤにすると、駆動力の逃げがなくなるのでクラッチに負担がかかり、クラッチディスクがバラバラに破損した例が何件かあった。

テスタロッサのツインプレートクラッチは、工業製品として疑問なレベルである。減りが早く交換サイクルが短い上、新品のクラッチはおそろしく出来が悪く、そのまま組み付けるとクラッチが切れなくなり、ギアが入らない。

2 枚のクラッチディスクに挟まるプレートの位置がいい加減で、片側のクラッチが完全に切れないことが原因だが、クラッチが切れないからと返品したところで、また同じような品が届くだけなので、部品のせいにしても埒があかず組み立てにはシム調整など工夫が必要になる[Fig. 2-20]。

レリーズベアリング

通常、クラッチを動かすための油圧部分とベアリングは、別体で2つの部品に分かれているが、348やテスタロッサ以降は、油圧シリンダーとベアリングを一体化した品が使われている。

圧着力が高いクラッチのスプリングを動かすため、ベアリングにかかる負担は大きく、おおむねクラッチとレリーズベアリングの寿命は同じ位になる。クラッチ交換時には、レリーズベアリングも同時に交換すべきだ。

ベアリングの劣化は、ベアリング内部のグリスが熱により溶けて外に飛び出してくることから始まる。その後、油切れになったベアリングからキュルキュル音が出始め、さらに使用を続けて焼き付いたケースもあった。焼き付いた時は、クラッチと一緒にベアリングのケースごと回転するので、周りの部品まで巻き添えで壊してしまう。そうなるとダメージが大きいので、音が出始めた時点での交換をお勧めしたい[Fig. 2-21]。

また、油圧部分やクラッチシャフトをシールしている部品も、同時期に寿命が来るので、クラッチ交換の際は、レリーズベアリング周辺のゴム部品はすべて交換した方が、次のクラッチ交換時期位まではオイル漏れで悩まされずに済む。

ディファレンシャル（デフ）

フェラーリは1960年代から、LSD（Limited Slip Differential）が使われている。

テスタロッサ系以外の車種は、デフギアが頑丈なので破損例は極端に少ないが、LSDは消耗品である摩擦板を用いた機構のため、走行距離が増えるに従いLSDの利きは落ちる。

そのため328以前のモデルでは、LSDが新車当時のように現在でも作動している車はひじょうに少ない。328以前のLSD本来の状態は、作動音を伴いながら断続してトルクを伝える古典的な機械式だ。

デイトナが極端で、交差点を曲がるだけでもデフがガツガツと作動音を出し、リアタイヤは跳ねながら外側に膨らんでいく。現在のドリフト仕様のデフに近い。

348以降はLSDの作動がマイルドになり、F430以降ではさらに電子制御が加わり、LSDの利き具合をリアのスライドを少なくする方向で可変するようになった。ある程度リアがスライドした後、LSDの利きを弱める制御が入るので、多少カウンターが楽しめるようセッティングがされているのがフェラーリらしい[Fig. 2-22—23]。

LSDの効きが落ちた場合、純正だけで対応するとデフのアッセンブリーでしか部品供給されないが、ZF製のプレートを使ってオーバーホール可能なモデルもある。

E-デフで起こるトラブル

上記のソレノイドバルブは劣化により漏れが生じるケースがある。漏れが生じると、LSDのプレートを押すシリンダーには油圧が掛かったままになり、デフロック率が本来の想定より上がってしまうため、交差点を曲がるような左右タイヤの回転差が多い時に、機械式LSD特有のガタガタとした異音が発生する。更に症状が進むと、常に左右タイヤの回転差が無い直結状態にまで悪化するので、少しステアリング操作をしただけでガチャガチャと異音が発生し、負担によりドライブシャフトのジョイントが破損した例もあった。

このケースではソレノイドバルブを交換すれば解決するが、連続して高圧が掛かったため、LSD機構が押されたまま固着していることもあった。その場合は、分解してシリンダーの動きをスムーズになるよう修正し解決している[Fig. 2-24]。

PTU(パワー・トランスファー・ユニット)について

FFで初めて採用され、GTC4 Lussoでも継承されている、PTU(パワー・トランスファー・ユニット)とは、フェラーリ初の四駆システムで、他メーカーに見られない独特な構成だ。クランクシャフト前端から取り出された動力は、簡易的な2速のトランスミッションを介し、必要に応じフロントデフにトルクを伝え前輪を駆動するという、かなり限定的な四駆システムとなっている[Fig. 2-25]。その機械部分を作動させる動力は、F1システムのようにポンプで油圧を上げアキュームレーターに蓄圧したものを使用し、その油圧を電子制御し作動させている。

このシステムのメリットは、通常の四駆システムでは必須であるセンターデフやフロントデフへのプロペラシャフトなど、重量や体積が嵩む部品を省略できることだが、そもそも、それらを省略して四駆を成立させるのには無理があり、問題も多い。

まず、フロントとリアでギア比が異なる状況が発生するので、その時はリアとの回転差を吸収するために、動力を伝えるクラッチを滑らせておく必要がある。さらに左右タイヤに回転差が生じた場合LSDも作動するので、四駆状態の時は、それらの摩擦でケース内部に大量の熱が発生する素性である。

さらに、上記E-デフと同様、クラッチの油圧を断続するソレノイドバルブに漏れが生じると、フロントとリアでギア比が違うまま強引に駆動してしまう危険性が懸念される。

また、このシステムの内部にトラブルが生じた場合、現状はアッセンブリー交換となり、その金額は優に200万円を超えてしまう。

FFを初めて運転した時に、これはフェラーリ版のベントレーかもしれないと感じた。重量級ハイパワーの四駆というジャンルで、ベントレーと同じ土俵に乗るため、上記のような間に合わせの感が強い四駆を採用したのだとすれば、果たしてその必要があったのかと思う。

FFの中古車価格がこなれてリーズナブルに感じる現在、このようなウィークポイントと、それを修理するためにかかる金額は、今後、想定しておいた方がよい。

ドライブシャフト

F355とボクサーエンジンのドライブシャフトブーツは、排気のパイプが近く寿命が短い。ボクサーエンジンではドライブシャフトを巻くようにエキマニのパイプが取り回され、F355はブーツ直上にエキマニの出口が二股で位置しているためだ。

F355の初期型では、ドライブシャフトの遮熱板は装着されていなかったので、2000～3000kmで穴が開く例が多発したが、その後、遮熱板が付くようになり寿命が延びた。それでも15000km前後で要交換となる[Fig. 2-26]。

360でも同様に、初期型はドライブシャフトの遮熱板がなく、ブーツの寿命が短かった。F355で学ばなかったのかと疑問に思ったが、ほどなくして遮熱板が装着されると寿命が大幅に延び、交換の頻度は激減した。

フェラーリは全般にドライブシャフトの強度は高く、サーキットや事故で折れた

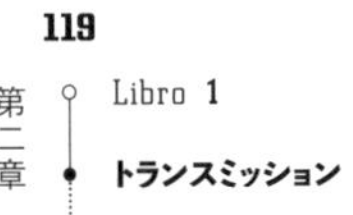

例はあったが、それ以外の交換例は極端に少ない。

II

F1システム

1 F1システムの概要

作動の原理

1998モデルのF355最終型から採用され599GTOまで使われた、パドルで変速するセミオートマのF1システムについては、メンテナンスの需要が圧倒的に多いことから、詳細に解説してみたい。概要の後に車種別の特徴、共通のウィークポイント等の順番で進めていきたい。

最近は他メーカーでも、ステアリング回りのスイッチやパドルでマニュアルシフトできる車種が増えた。それらの多くは通常のATをベースにしているが、フェラーリのF1システムは、マニュアル・トランスミッション(以下、MT)をベースとしている。

クラッチと変速をコントロールするシステムは、アルファロメオで実績のあるセレスピードが基本となり、機械部品の一部やソフトは専用品を使い、フェラーリに適化させている。

F1システム用のミッション本体は、シフトフォークが強化され、カウンターシャフトの回転を測定するセンサーが追加されている。他はMTと同じで、クラッチは同一部品である。

ポンプが発生した50bar(一部車種は80bar)の油圧を動力とし、クラッチ及びミッションのシフトフォークを機械が動かす。つまり、ドライバーが操作するクラッチペダルとシフトチェンジの動作を、F1システムでは機械が人間臭く複雑に動作することで再現している[Fig. 2-27–30]。

V8はF430シリーズ末期の16M、12気筒は599GTOまで、ベースはMTのまま、可能な限り油圧を上げ制御ソフトを洗練することで、いかに速く変速できるか追求している。

単に変速スピードを求めるならば、F1システム用のトランスミッションはシーケンシャルをベースにした方が、変速の動作は縦横の複合からアップとダウンの直線方向に減らせるので、制御の難易度は低く、部品点数が減らせるメリットもあるのではないかという疑問が湧く。

F1システムを搭載した車種は、同時にMTもラインナップしているので、設計開発に多額の費用を要するミッション本体や変速機構は、共用することが優先事項なのかもしれない。そんな少量生産ならではの理由を想像した。

F1システムの根本的なウィークポイントは、半クラッチ(発進時等、クラッチが滑りながら動力を伝えている状態のこと。以下、半クラと表記する)の滑り量が制御上MTと比べ多いので、発熱量が多くクラッチの消耗も早いことや、その複雑さゆえに部品点数が膨大になること、システムの心臓に相当する油圧ポンプのモーターは消耗品で、いずれ寿命が来ることなどが挙げられ、F1システムで起こるトラブルは、上記理由の組み合わせで系統化できる。

苦手なシチュエーション

F1システムの作動を解説する前に、まずはMT車でスタート時の動作を観察してみたい。一連の動作を細かく区切ると、こうなる。

　クラッチをゆっくり繋いでいく
→　車が動き出す
→　アクセルを少しずつ開けていく
→　同時にクラッチをさらに繋いでいく

これだけの動作を意識せずとも適切に同調させながら行うのだから、人の感覚センサーはたいへん精度が高い。

機械で同じ動作を再現すると、センサーの精度や、各センサーから入力後に演算され油圧系へ出力するまでのタイムラグなどで、遅いタイミングで大きな出力にな

る傾向が強い。

そのため、スタート時には遅いタイミングでアクセルが大きく開き、なおかつ半クラの時間が長くなるので、車庫入れや渋滞のゴーストップは構造上かなり苦手である。

12気筒の599になると、スタート時の制御は高レベルで仕上げられていたが、それに比べて低速トルクが細いV8では、運転がうまい人と同じ操作を完全に再現するまでには至らなかった。車速やアクセル開度、クラッチのストローク等を測っている各センサーの精度を、さらに上げて欲しいもどかしさが残る。

上記の理由から、半クラの時間がMT車とは比較にならないほど長いので、クラッチの寿命はMT車の常識を外れて短く、車庫入れや渋滞を走行する頻度が高いとさらに短い。私がF1システム車のクラッチ交換をした台数は、2021年現在で40台以上になるが、寿命の平均は15000kmほどだ。2000kmでクラッチ交換になった例が今までの最短で、車庫入れの際、長くて急なスロープをバックしながら登る環境だった。

特にF430は、負荷が掛かり過ぎると1回でクラッチが終わることもあり、その原因や長持ちさせる方法については、別項を設け詳しく解説してみたい。

クラッチの交換基準は、MT車のようにディスクが摩耗限度を超え滑り始めることでなく、シフトアップやシフトダウンの際、特定のギアに入らない、走行中ギア抜けが起こる等の修理依頼で診断の結果、クラッチ消耗もしくは変形による作動不良が原因と判断し、交換に至るケースが大半である。

テスターを用いてパラメーターを呼び出すと、クラッチウエア××%とクラッチ摩耗分(残りではない)が表示される[Fig. 2-31]。

だが、クラッチ厚を直接測るセンサーは存在せず、クラッチレリーズストロークセンサーの信号を基に計算した結果なので鵜呑みにはできない。センサーの出力や、レリーズ、クラッチカバーの各寸法が新品であることが前提になるので、それらが劣化すると誤差が大きくなる。

また、書き換え可能なクラッチディスク寸法を変更することで、実はクラッチウエアの値も任意に操作できる。そんなことはないと思うが、たとえば商談中だけ少ないクラッチウエアをテスター画面に表示させることは可能だ。本来その程度の信憑性しか持たないデータなので、過信は禁物である。

発進時の半クラが長いと摩擦による発熱量も増え、MT車より周囲の部品に悪影響を及ぼす。これもF1システムにトラブルが起きやすい根本的な原因のひとつだ。

発熱量が多いと、耐熱温度が低いオイルシールやOリングなど、ゴムや樹脂製部品の早期劣化によりオイル漏れを起こし、想定を超えた熱膨張により、レリーズなど摺動部分のクリアランスは狭くなり動きが悪くなる。クラッチカバーやレリーズベアリングなどの金属部品まで、熱と力の両方が加わり変形しやすくなる。

レリーズベアリングの変形が原因で、そこに取り付けられているセンサーの信号が異常になり、クラッチが切れずギアが入らなくなる例は多い。

原因になったベアリングを外して観察すると、クラッチカバーと接触して押す部分、2mm厚程度の鉄板プレス部品が潰れ変形していた。想像を超えた負担がかかるようだ。

さて、F1システムに関しての問い合わせでいちばん困るのが、「ギアが入らないけど何が原因ですか？」と聞かれることで、仕組みを知れば知るほど、即答はできない。

F1システムを構成する部品点数は膨大で、動力となる油圧ポンプ、油圧を断続させるバルブや配管、クラッチ関係、シフトを動かすアクチュエーター、各センサーとコンピューターの電装品など、大別してもこれだけの点数になり、しかも、いずれの部品が壊れてもギアが入らない症状になるからだ。

つづいて、15年かけF1システムが進化していった様を、車種別に解説してみたい。348の時代には、クラッチ制御だけ自動にしたバレオマティックというシステムもあったが、変速の動作までは行っていないので省略する。

2 モデル別解説

F355

F1システムが追加されたのはモデル末期の2年だけなので、後のモデルのようなバージョンはない。

F355は1994年に登場したが、当初はF1システムの追加を想定していなかったはずである。従来の機構を利用し部品を追加していった様は、実車の観察や後のモデルとの比較で想像が付く。

そんな背景があり、F1システムを構成している部品はたいてい、隙間に押し込むように取り付けられているため整備性が悪く、後付けの機構ゆえに、位置や角度を精密に調整しながらの取り付けが必要な部品も存在する。

たとえば、ミッションに取り付けられたシフトを動かすアクチュエーターは、単に取り付けただけでは作動しない。組み付けには職人技が要求され、アクチュエーターとミッションのチェンジシャフト間のジョイント部を、値をテスターで確認しながら手作業で、基準値の±0.1度以内に調整して初めて正常に作動する。メカニックの能力差が出る部分だ。

360以降のF1システムと最も異なる点は、F1システムの制御とエンジンのスロットルが連動していないことだ。アクセルペダルからケーブルを介し、機械式の8連スロットルを直接動かす構造は変更せず、システムを追加している。

後のフライ・バイ・ワイヤと異なり、スロットル開度はドライバーのペダル操作で決まるので、変速時のエンジン制御は点火や燃調程度しかできず、かなり制限されていた。それでもシフトダウン時に回転を上昇させ、若干ブリッピングさせているのは、開発時の苦労が偲ばれる部分だ。

上記の理由からMT車と同様、シフトアップ時は一瞬スロットルを戻し、シフトダウンではヒールアンドトゥを行わないと、かなりシフトショックが大きく、ドライバーのアクセル操作で補助することが前提となっている。

だが、クラッチ制御や変速の癖を体で覚え、最適なタイミングでアクセル操作を行えば、変速タイミングのセッティングが相当入念に行われたことを理解できる。「分かった運転」ができれば、意外と後の360と遜色なく気持ちよい走りが可能だ。

ウィークポイント（F355F1）

F355はエンジンの低速トルクが少ないので、発進時のクラッチ滑り量が多く摩耗は早い。

F355のクラッチは車両のもっとも後部に位置するので、バンパーとマフラーを外せば簡単にクラッチ交換でき、他のモデルに比べ多少部品価格が安いのは救いだが、それでも総額50万円前後になる。

リアバンパー内に装着されているパワーユニットは、油圧ポンプ、アキュームレーター、アクチュエーターへ油圧を断続させるソレノイドバルブが一体化された部品で、現在の部品価格は250万円くらいする。

それだけ高額でありながら、油圧ポンプを駆動するモーターは消耗品なので不具合が出やすい。このモーターが止まるとシステムも停止し、一切のギア操作を受け付けない症状になる。

モーターだけの不具合で、なかなか250万円のパワーユニットを丸ごと交換するわけにもいかず、弊社工場ではモーターの分解修理や、外部に新たなポンプを移設する等の方法で対応している。

アクチュエーター内部のシリンダーは高圧が掛かり、かつ高速で動く部品なので、正常でも微量に内部リークするが、F355は、そのリークしたオイルを外に排出する構造なので、正常でも多少オイル漏れする。

シリンダーをシールするテフロン製の部品は摩耗するので、経年でシール性は落ち、漏れる量は増加する。ひどくなると、ギアを変えるたびにオイルが飛び出るまで悪化し、そうなると作動油が空になりシステムが機能停止する目前の状態なので、アクチュエーターの交換なりオーバーホールをすることになる。

この部品も相当高額だが、弊社工場ではオーバーホール方法を確立しているので、交換よりもリーズナブルに修理できるようになった。これは項を改め、各車種まとめて詳しく解説してみたい。

アクチュエーターを固定しているボルトは、最低地上高付近まで下に飛び出しているので地面と当たりやすく、ステーが折れることもある。車高を下げている車は要注意だ。

ステーが変形し、ミッションのチェンジシャフトとアクチュエーターの位置関係が多少変わっただけでも、例の職人技で調整する微妙な箇所ゆえに、ギアが入らなくなる。これは鉄板を溶接し組み立てた品なので、軽度の曲がりならば修正可能だが、修正後は前記で解説した調整を要する。

レリーズベアリングのストロークセンサーは、柔らかいテフロン製の台座に取り

付けられている。この台座が熱等の影響で変形し、実際のストロークとは違った信号を送るため、クラッチが切れずギアが入らない例が何件かあったので、この部品もクラッチ交換の際は一緒に交換した方がよい。その後のモデルは固い樹脂に材質が変更された。

575M Maranello

12気筒最初のF1システム搭載車は、575M Maranello（以下、575M）だ[Fig.2-32]。

575Mは、スパルタンだった550から一転し、運転しやすさと快適さを求める方向で大幅にリファインされ、同時に12気筒で初めてF1システムが設定された。

そのキャラクターに合わせF1システムのセッティングも、V8のいかに早く変速するか追求する方向とは異なり、変速時に若干のクラッチ滑り感を伴う遅めのシフトチェンジで、普通のトルクコンバーター付きATから乗り換えても、さほど違和感はない。AUTOモードでジェントルに走るのがふさわしい。

575Mも背景はF355と同様、ほぼボディーが共通である前モデル550の時点では、F1システムの前提はなかったと思われ、隙間を見つけ無理に後付けした感が漂う仕上がりだ。油圧関係の機構部品は、リアフェンダーのなかに押し込むように取り付けられ、リアタイヤとインナーフェンダーを外さないと、F1システムのオイルの点検すらできない整備性の悪さには驚いた。

ミッション脱着の際に行う、シフト調整の難易度の高さはF355と同様である。

575Mは、昔ながらの手作業で製作した部分が多く、V8と比べ造りの古さが目立ち始めた頃のモデルだ。F1システムに限らず、これからのメンテナンスは相当な手間を要するだろう。

360Modena

360や575Mからフライ・バイ・ワイヤのスロットルが採用され、ドライバーのアクセルペダル開度に関係なく、必要に応じF1システムがスロットルを調節できるようになった。

これにより、シフトアップでスロットルを一瞬戻し、シフトダウンではブリッピングを自動で行い、うまい人がMT車を運転する時の操作に近づく下地はできたが、

「第一章　エンジン」でも述べたスロットル制御の甘さが、F1システムにも影響を及ぼしている。

ミッション本体はF355同様、使われている部品はMT車と大体共通だが、元々348からの流れでMTしか考えていなかったF355のミッションと比べると、シフトフォークを動かすアクチュエーターとミッションケース接合部の精度や剛性、システムを構成する部品の組み立て性、セッティングの容易さなど、これらがあらかじめ考慮されF1システム装着を前提とした造りへ進化している。

それによりメンテナンスに伴う調整作業の難易度は下がったが、生産上の組み立て性を重視したため、トラブルが起きた際のメンテナンス性が犠牲になった部分もある。

360のF1システムは毎年のように改良が進められたため、バージョンの違いによるシフトフィーリングの差が大きい。

各バージョンの大まかな特徴は以下の通りである。

1999～2002年の初期バージョンを2003年以降と比較すると、スタート時の半クラが長く、シフトチェンジは若干のタイムラグを感じる。うまい人がMT車を運転した時と同程度だ。

この期間でも制御ソフトは2種類存在する。2000年までのごく初期は、テスターで変更できるパラメーターが多く、割と細かくシフトフィーリングを調整できたが、その後2002年までパラメーター変更可能な箇所は減り、セッティングの範囲が狭くなった。そのため、クラッチやレリーズなどが消耗しシフトフィーリングが悪くなった時、調整での対応が難しくなった。その結果、機械的なコンディションが、そのままシフトのフィーリングに反映される。

2003年から半クラが短く、シフトスピードも速くなった。システムを構成する機械的な部品に大きな変更はないので、制御するプログラムの変更で洗練させている。

ちなみに、2002年以前と2003年以降でテスターのプログラムに互換性がなく、バージョンを間違えるとテスターと車両が交信しない。このことからも、2003年を境にソフトが一新された印象を受ける。

テスターで設定できるパラメーターの数は初期型と同じに戻ったので、メカニックが細かく調整できるようになり、セッティングするメカニックの能力差が、そのままシフトフィーリングに反映される。

360最後のバージョンは**360 Challenge Stradale**（以下、ストラダーレ）専用で、初期型から4年間改良し続けた集大成である。ストラダーレのF1システムを理解するには、どうすればシフトスピードを上げられるかを考えていくと分かりやすい。

F1システムのシフトスピードを速くすることは、単に変速機構だけの問題でなく、特にシフトアップ時、エンジンの未燃焼ガス排出量をいかに減らすかという問題でもある。

ストラダーレ以前のスロットル動作は、MT車を運転する時の操作に近く、シフトアップ時のスロットル戻り量が大きい。シチュエーションによりスロットルが戻るまでの待ち時間が発生するので、スポーツモードをOFFにすると特に、シフト時に一瞬の空白を感じてしまう。

シフトスピードをさらに上げるには、アクセルを戻す行程で全部は戻さず、エンジンを一瞬止めればよいが、回っているエンジンの点火・燃料をいきなりカットするため未燃焼のガスが発生し、昨今急激に厳しさを増した排ガス規制のクリアが難しくなる。

そこで、多少の排出ガス増加には目をつぶった、速いシフトモードの「RACE」というモードを設定し、そのモードは公道で使用不可という、反則ギリギリの方法でクリアしたようである。

その甲斐（?）あって、MTベースとは思えない、シーケンシャルのように速く小気味よく変速するさまには当時感動した。これ以降のシフトスピードは、人力操作の限界を超えて進化していく。

ちなみにストラダーレは、仕向け地によりF1システムのシフトスピードが違う。ヨーロッパ仕様が最速で、日本仕様は普通の360より多少速い程度。前記を考えるとその理由は解る［Fig. 2-33］。

レースモードの取り扱いと、その時どれだけ未燃焼ガスを出してよいかは、国により解釈が違うので対策も異なる。例を挙げると、日本仕様はエキゾーストマニホールド内に触媒を追加する等、大掛かりに対策されている。その結果がシフトスピードの差として表れたということだ。

ストラダーレも普通の360も、F1システムの機械的な構成は大差ない。ということは、360のF1システムは、当初からストラダーレのポテンシャルを持っていたことになる。それが製品化に当たり排ガス対策され、シフトスピードが遅くなった状態で発売されたが、最後にストラダーレで360本来のポテンシャルを発揮できたということだ。

「本来の360F1システムは、これだ」という開発者の声が聞こえるようだ。

ウィークポイント（360Modena）

360のF1システムのトラブルの例を紹介しよう。

初期型でのレリーズシール固着 ……… 360初期型では、レリーズシリンダーの油圧シールが固着し、クラッチが切れないトラブルが多発した。シールの材質が固い上、クリアランスが狭く設定されていたことが原因だ。

固着するタイプのシールはオレンジや白色、現在供給されている品は青色なので部品単品では一目瞭然だが、車に組み付けられた状態では外部から識別できない。

この例は、シールを対策品に交換すれば解決するので、未交換の車両は少なく過去のトラブルになりつつあるが、走行距離が少ない初期型の中古車を購入した時は起こり得る。

フィルターの詰まり …………………… 作動油をモーターの力により加圧するポンプ(以下、F1ポンプ)吸い口側のホース内には、ゴミを通さないようフィルターが内蔵されている。そこに、オイル点検の際付着したウエスの繊維など、リザーバータンク内のゴミが堆積し詰まる場合がある。詰まるとポンプがオイルを吸わなくなるので、油圧は上がらずギアが入らなくなる。

エンジンを始動した時、F1システムの警告が消灯するまでの時間が長くなることから始まり、シフト操作時に警告点灯の順番で症状が悪化していく。

このケースは、F1システムのポンプ自体の不具合と症状が似ているので間違いやすい。まずはフィルターのチェックをし、もし詰まりがあれば掃除して

テスト、詰まりがなければ次にポンプを疑う手順にするべき。

アクチュエーターのエア抜きスクリューの緩み

……………………………………… ミッションのシフトフォークを動かすアクチュエーターには、シリンダー内部のエア抜きを行うスクリュー（以下、ブリードスクリュー）が3ヵ所付いている。普段は締まっているが、ここを規定の回転緩めてからテスターでエア抜きを行うと、内部でオイルが循環しエアが抜ける仕組みになっている。

このスクリューは振動等で緩むことがあり、緩むと作動油圧をリザーバータンクにバイパスするので、作動油はシフトフォークを動かすことなくリザーバータンクに戻り、ギアが入らなくなる。

その時はF1システムの警告灯が点灯し、油圧が下がり過ぎた時の保護回路が同時に作動することも多い。保護が解除されるまでの5秒くらいは、すべての操作を受け付けなくなるので、パドルを連打しても無駄である。

このケースでは、油圧を測定しながら各ギアに変速してテストすると、特定のギアに入れた時に作動油圧が極端に低下することで発見できる。

ブリードスクリューといっても、緩めた時は内部でオイルを循環させる構造のため外にオイルは漏れない。しかも、バンパーやマフラーを外した後、アクチュエーターを脱着しないと緩みの点検が出来ないので、ノウハウがないと発見が難しい［Fig. 2-34–35］。

緩む頻度が高かった割には整備性が悪く苦労させられた。セレスピードから流用した品を用いたため、取り付けに難が生じたことが整備性悪化の原因だ。

以降のF430も同じ構造だが、トルク管理を厳重にしたのか、このトラブルは少なくなった。

F355ほど煩雑でないが、360以降でもシフトフォークを動かすアクチュエーターには、機械的な調整を行う箇所がある。それはアクチュエーター側のフォークのセンタリングで、MT車でいうとシフトレバーのニュートラル位置を調整するイメージに近い。高圧の作動油の力を繰り返し受けるため、作動部に機械的なズレが生じ、それを補正するために行う［Fig. 2-36］。

以上が360F1システムの特徴だが、生産継続中に制御ソフトの改良を、これだけ行ったモデルは珍しく、F1システムへの意気込みが感じられる。F1システムの発展期を担い、後のモデルの礎(いしずえ)を作ったのは360である。

Enzo

Enzoが現行の時はストラダーレが同時期で、当時両車を比較しながら運転した時は、変速は速くストラダーレで感じた作動の粗さもなく、隙がない完成度の高さを感じた。

360と同世代の部品が使われているので、そう機械の素性は変わらないはずだが、さらなる速さと上質さを実現するため、相当入念なセッティングを行ったのだろう。スペチアーレを開発する際の本気度と、製作スタッフのレベルの高さにあらためて驚く。

だが、その後の車種と比較してしまうと、F430と同等の変速スピードなので、今となっては旧世代の仕上がり感は否めないが、それだけF1システムの進歩は早かったとも言える。

Enzo特有のウィークポイントは、油圧関係の配管とマフラーの位置が近いこと。熱の影響を受けやすいので、特にマフラーを交換しているとホースの劣化が早い。

他のトラブル例は少ないが、360と違い走行距離が伸びた個体は少ないことが理由と思われる。

612Scaglietti

高速道路を快適に走るツアラーの性格が強い612は、F1システムも同じ方向性でセッティングされている。基本構造は599と同じなので同等のポテンシャルを持つが、シフトスピードを上げることには拘っていない。後期型で追加されたF1-Sモードでも、シフトスピードはF430のスポーツモードと同じくらいだ。V12の強大なトルクと、速すぎず遅すぎずのシフトスピードとの組み合わせは、キャラクターにふさわしく優雅である。

そんな、あまり無理させない制御のおかげか、クラッチ寿命はV8と比べて長い。12気筒は全般に走行距離が少ない傾向だが、それを加味してもV8ほどクラッチ交換作業は多くない。

612のウィークポイントの代表といえば、リコールにもなったレリーズのストロークセンサーだが、実は612に限ったことでもないので、後程まとめて解説してみたい。

F430

F430は、大幅な排気量アップによりF1システムも恩恵を受けた。

360と比べ、ピークパワーだけでなく低速トルクも格段に増したので、通常のスタートではアイドリング付近の回転でも早めにクラッチが繋がり、スッと前に出る。360以前の苦しげなスタートより作動の質が大幅に向上している。ただ、高負荷時のスタートは相変わらずで、クラッチが滑る時間が長い[Fig. 2-37]。

機構は360を踏襲しているが、ミッションを動かすアクチュエーターの内部構造は変更されている。ウィークポイントのF1システムのポンプは、後期型で変更された。クラッチは360までのシングルプレートからツインプレートになった。これらが変更点で目新しい部分だ。

360ストラダーレで追加された「RACE」スイッチは標準になったが、仕向け地によるシフトスピードの違いは、ストラダーレのように歴然としていないので、排ガス浄化の技術が向上し、さらにソフトが洗練された両方の効果であろう。360よりさらに変速スピードは速く、シフトショックも低減されている。

F430も制御ソフトに種類があり、2008モデル以前と以降に分かれる。

2007モデル以前はストラダーレの延長で、シフトは速いものの機械が一生懸命ガシャガシャ動く作動感を伴うが、以降のバージョンはスムーズさを増し洗練されている。

F430に限らず全モデルだが、なぜか2008モデル以降からは、ATモードがエンジン始動時のデフォルトに変更されたが、理由は不明である。

360同様、完調を保つにはF430も定期的なセッティングが欠かせない。テスターを用いてパラメーター調整できる部分（主にクラッチミートするポイント）のデータを補正する。

F430はシフトアップ時、スロットルが戻る前にクラッチが先に切れてしまう傾向なので、そこを重点的にテストし補正している。

この補正作業は、F1システムの最後に至るまで不可欠である。詳細は後の項で詳しく説明したい。

360で苦労し対策を続けた甲斐あって、F430でトラブルが起こる場合は、F1システムを構成している各部品の消耗が原因の大半を占めるので、トラブルが発生した時の原因特定は随分と楽になった。といっても、消耗ペースは全体的に早く、それなりの手間はかかる。

稀な例だが、触媒の熱が原因で360同様の症状になることがあり、なぜかF430だけシステムをコントロールするユニット自体が壊れたこともあった。

430Scuderia　Scuderia Spider 16M

430Scuderia（以下、スクーデリア）や**Scuderia Spider 16M**（以下、16M）はベースのF430よりさらに進化している。

F430から変更された箇所を挙げると、レリーズのストロークセンサーはF430Challenge用になり、シフトアクチュエーター内部の摺動部は軽量化され、作動油圧は従来の50barから、荒技で一気に80barまで上げた。それに伴い、アキュームレーター（内部の窒素ガスを圧縮することで蓄圧する部品）も専用品だ。生産台数が少ない割には大幅変更されており、その本気度は意外だった。

高速化に対応させた部品を、従来の1.5倍以上の油圧で一気に作動させる方向性で、その結果、シフトスピードはF430と比べ格段に速くなった。

油圧でシフトスピードを上げたデメリットで、多少気になるのが全開走行のシフトアップ時に、油圧で作動する部分のスピードにスロットルの戻りが追い付けず、クラッチが切れているのにスロットル開度が残ることだ。

シフトアップ時クラッチが切れた瞬間、多少空吹かしした動作になるだけで実用上は問題ないのだが、従来の油圧は約10年の実績があり、その間の熟成、特にバランス感は相当なものだった。それを基準にするとスクーデリアは、速いことは速いがバランスは多少崩れた印象を受ける。そしてV8は、このスクーデリア、16Mを最後に、F1システムからDCT（デュアル・クラッチ・トランスミッション）へと進化した。

作動油圧を上げたことで、ウィークポイントも増えた。まず、アキュームレーター

の寿命が短いこと。内部の窒素ガスが抜けて油圧を溜められなくなり、ギアが入らない症例が何件かあった。まず従来は交換しない部品だったので、油圧上昇が原因と思われる。

他には、シフトを動かすアクチュエーターは寿命が短いと思われる。軽量化のため油圧シリンダーの構造が簡素化され、従来付いていた鉄製のライナーがなくなり、アルミケース内部を直接ピストンが動いている。このことは、耐摩耗性を犠牲にしてもシフトスピードを上げる選択に他ならず、現在のところ走行距離が伸びた車は少ないので問題になっていないが、今後、摩耗による油圧低下が原因でトラブルが起きるであろう。

599

599はF1システム最後の車種だけに完成度が高い。初期のF355F1とは、比較にならないほどの洗練度である。

ほぼ612と同じ構成だがセッティングは大幅に異なり、ピュアなスポーツカーである599のキャラクターに合わせ、シフトスピードの速さを追求している。

前述の通り、F1システムは人間の動作を機械が再現しているので、後のDCTと比べ、動作に人間臭い味わいが残る。

次世代カリフォルニア以降のDCTは、シフトアップ時に振動やトルク変動はなく、加速が途切れずエンジンの回転音だけ変わる。

F1システムは最終バージョンでも機械が一生懸命に動く感が残り、運転がうまい人のマニュアルシフト操作を、何倍かのスピードで動作させたかのようだ。私は、そんなF1システムの変速フィーリングの方が、確かによく出来ているが無機的なDCTより好きだ。

599GTOはブリッピングの時間が圧倒的に短く、シフトダウンに要する時間も短縮された。普通の599はヒールアンドトゥで聞き慣れた空吹かしだが、GTOは単発の爆発音に聞こえるほど短く、その間にシフトダウンが完了してしまう。

GTOのエンジン内部は意外と専用部品を多用しているので、普通の599とはレスポンスの素性が違うのと、Enzoの項でも述べたスペチアーレならではの（限定だから許された）F1システムのセッティングと、両方の効果であろう。最終型にふさわしく、最強のF1システムは599GTOである。

612の項で述べた、エンジントルクが大きいほどクラッチの寿命が長くなる傾向通り、599も意外にクラッチ寿命は長い。それまでのモデルで行われた数々の対策が蓄積された効果と、ミッドシップモデルと違い、F1システムの機構はエンジンルームから離れたリアの車軸付近にレイアウトされているので、V8と比べ熱の影響を受けにくいメリットもあり、以前と比べるとトラブルは激減している。

車種別の特徴の後は、再びF1システムに共通する事柄を述べていく。

同システムでも、メーカーによってフィーリングも違う

このマレリ社が作ったシステムは、さまざまなメーカーに供給された。アルファロメオのセレスピード、マセラティのカンビオコルサ、ランボルギーニのE—ギアなど基本構造は同じで、アルファロメオで完成したシステムを、フェラーリ、マセラティが採用し、その後ランボルギーニという順番である。

構成部品はメーカーを超えて共用されることもあり、たとえば、360のアクチュエーター本体にはセレスピードの刻印が有り、ガヤルド初期では、E—ギアのアクチュエーターには跳ね馬マークが付いていた[Fig. 2-38]。

そんな汎用に近いシステムだが、メーカーごとにセッティングされた結果、プログラムの違いによる動作の違いがメーカーの個性となっている。

マセラティやランボルギーニは、発進時のエンジン回転が高くクラッチの滑り量が大きいこと、シフトダウン時のブリッピングが大げさであること等、フェラーリと比較すると洗練されていない。それは、セッティングに費やす時間と、セッティングする人の能力差だろう。フェラーリは明らかにレベルの高い人たちが、妥協せず造り上げている。

引き続き各車種に共通するウィークポイントについて述べておく。

アクチュエーターからのオイル(作動油)漏れ

機構が特殊なF355は別項に分けすでに解説したが、他の全モデルも走行距離が伸びるほど、アクチュエーター本体からオイルが漏れやすくなる。

F355では必ず漏れるホースは、360以降は大気開放せずリザーバータンクに戻

す構造になったので、多少の内部リークならば外にオイルが漏れなくなった。

アクチュエーター内部の油圧シールには、細いテフロン材のシールを多用している宿命で、走行距離が伸びるに従い摩耗する。摩耗が進むと、アクチュエーター前後のシールから漏れが始まり、端のキャップから外にF1システムの作動油が漏れるようになる。

修理するには、従来はアクチュエーター本体交換になり、360の場合で部品代が150万円前後かかっていた。弊社の工場では、最近はアクチュエーターを分解して内部のシール交換が可能になり、そこまで費用がかからなくなった。

パワーユニットからアクチュエーターを繋ぐ油圧のメッシュホースも、振動により穴が開きオイル漏れを起こすことが多い。このホースには高い油圧がかかるので、穴が開くとオイルが吹き出し、一瞬で作動油がなくなりギアが入らなくなる。

ホースを交換すれば直るが、1本当たり10万円台するので意外と高価だ。

最近は、このホースをアールズ等で製作してある車を時々見かけるが、後の耐久性を考えると、純正品での交換をお勧めしたい。

ポンプは消耗品

F1システムのポンプは、モーターで駆動するオイルポンプで、システム動力となる油圧を常に作り続け、動物でたとえると心臓に相当する。たいていのミッドシップモデルではマフラー近くにレイアウトされ、熱く過酷な環境でも常に動き続ける健気な部品である。

このポンプが止まると、クラッチや変速のアクチュエーターが完全に停止するので、ギアが入らず動けなくなる。ギアが入っている時にポンプが停止すると最悪で、ギアは抜けずエンジン始動も車を押して動かすことも出来なくなる。

モーターの宿命で寿命は有限な上、熱の影響でモーター軸受け部分の消耗が早い、内部のプラスチック部品が破損しやすい等の不具合も起こるので、消耗品に近い感覚で定期的な交換が必要になる。

F1システムのポンプの状態を簡単に知る方法は、運転席ドアを開けた時に一瞬作動するモーターの音を聞く（F355を除く）ことだ。寿命が近くなると回転数が下がるので音は低く弱々しくなり、回転音にガラガラ音が混ざることもある。

また、走行時にF1システムの警告灯が点灯するのも前兆だ。警告灯はたいていの場合、作動油圧の低下が原因で点灯するので、ポンプが弱ると点灯しやすくなる。

もし停止すると上記のように、かなり面倒なことになるので、作動はしていても音が変になった時点での交換をお勧めする。

ブレーキスイッチ不良

警告灯点灯の原因で、油圧低下に次いで多いのがブレーキスイッチの不良だ。

ブレーキランプを点灯させるスイッチは、F1システムのコントロールユニット(以下、ECU)へブレーキを踏んだ信号を送る役割も持つ。壊れると、ブレーキランプは点灯するが、ECUのエラーが消えず、警告灯が点灯したままの症状が多く、最終的にはブレーキペダル操作を認識しなくなるので、停止状態からギアが入らなくなる。

高い部品ではないので、ブレーキスイッチのエラーが入ったら、即交換した方がよい。

ツインプレートクラッチの特性

F430シリーズと599シリーズのクラッチは、エンジンの章で述べた通り、重心を下げる目的でツインプレートが採用されている。

ディスクは2枚だから摩擦面は当然4面あるが、クラッチが繋がる時は4面同時ではなく、1面ずつ順番に繋がる。

この構造は、発進時にエンジンストールしにくいメリットがある反面、半クラ時にトルクが掛かり過ぎると、クラッチが焼けて一瞬で摩耗するデメリットも持つ。低速トルクが12気筒と比べて細いF430の方が、発進時に半クラの時間が長くなる傾向なので起きやすい。F1システムの特性で、発進時にアクセルを踏めば踏むほどクラッチが滑るので、坂道発進でアクセルを踏み過ぎてはいけない。

焼けるとディスクが変形し、クラッチが切れずギアが入らない症状になる。その場合、フライホイール側の1面が白く変色した特有の痕跡が残るので、このケースは割と診断しやすい[Fig. 2-39–40]。

操作を間違えると1回でクラッチが終わる場合もあり、極端な例では、レッカー

業者が荷台に載せる際、傾斜を登るためアクセルペダルを踏み過ぎたことでクラッチディスクが焼け、目的地に到着し降ろそうとしても、ギアが入らず動けなくなるケースが何件かあった。
この例は、操作を知ることにより、ある程度回避できるので、次項で詳しく説明したい。

クラッチを長持ちさせる方法

F1 システムのクラッチ寿命は、平均すると MT 車の半分程度だが、なかにはF430で 50000km 以上クラッチ交換せずに済んだ例もある。その車は、ほとんど市街地や渋滞を走行せず、郊外の高速道路をメインに使用されていた。
ということは、クラッチの摩耗を早める主な原因は、ゴーストップが多い環境で、発進時にクラッチが滑る時間が長いことである。
発進時のF1 システムの特性は上記でも述べた通り、アクセルを開けるほどクラッチが滑る。あまり車は動いていないのにエンジンの回転だけ上がり、クラッチにかかる負担が大きい。反対に、最低限のアクセル開度で発進すれば、早いタイミングでクラッチが繋がる。
この特性を理解し、ゴーストップが多い環境でも、半クラの時間を短く制御する部分を使うことで、クラッチの寿命を延ばすことは可能である。その方法は、スタートや車庫入れの時にアクセルを踏み過ぎないという、単純な動作で実践できる。
私の操作を紹介してみると、まずは車が動き出す最小限だけアクセルを踏み、反応して車が動き出すまでのタイムラグを待つこと。そうすると、アクセルを多く踏んだ時より、クラッチの繋がるタイミングが早くなるので、クラッチの滑りがなくなった後に、加速したい分アクセルを踏み込む。これは坂道でも同様である。
慣れると、クラッチが繋がる様子を感じながら、細かくアクセル操作できるので、速いスタートも可能である。

クラッチストロークセンサー

F1 システムのクラッチを交換する際は、レリーズベアリングと周辺のオイルシール類の他に、クラッチストロークセンサーも車種を問わず同時に交換しておきたい。

このセンサーは、レリーズベアリングのストローク量を測定する部品で、経年とともに出力信号の誤差が大きくなるという、アナログ的な壊れ方をする[Fig. 2-41]。

自己診断では、センサーが断線しない限りエラーは入らないので、テスター上ではエラーがなくすべて正常なはずなのに、間違った基準点でクラッチ制御を行うためクラッチの切れが悪くなり、スタート時にエンジンストールする、ギアが入らない等の症状になる。

そのため、クラッチディスクの変形など、機械的にクラッチが切れない時との判別が難しいので、クラッチ交換と判断する前に、このセンサーを交換してテストした方がよい。

また、このセンサーからの信号は、クラッチウエアを計算する基準にもなっているので、誤差が大きくなるとクラッチの残りを多く表示する。センサー不良で交換した後、テスターでチェックするとたいていの場合、交換前よりクラッチが減って表示される。これは、前述したクラッチのデータが当てにならない理由のひとつでもある。

クラッチ交換時の調整

機械的な部品交換が終わっても、併せて新品クラッチの寸法やシフトの位置をコンピューターに記憶させる作業を行わないと、完調にF1システムが作動しない。0.1mm単位の製品誤差が、シフトフィーリングに影響を与える精密でデリケートな構造ゆえ、必要になる作業だ。

手順は、クラッチ等機械的な部品の交換後はテスターを用いて、クラッチやアクチュエーターのエア抜きを行い、次は新品クラッチの寸法を記憶させる。

テスター上では、ニュークラッチコンフィギュレーションという項目になっていて、新品クラッチを組んだ直後のレリーズベアリングと接触する位置の寸法を意味している。

その後、アクチュエーターとミッション側のシフトフォーク間で、お互いの機械的なズレを学習して補正するために、セルフラーニングというコマンドを実行し学習させる。

その後、走行テストしながら何箇所かパラメーターを微調整し終了となる。組み付け後の調整ひとつで大幅にフィーリングが変わり、職人技を要求するフェラーリらしいところだ。

シフトフィーリングと走行距離の関係

走行距離が伸びるに従い、F1システムのシフトフィーリングは変化する。だから弊社の工場では、定期点検のたびに調整を行っている。

調整箇所はモデルや年式により多少異なるが、主に新品のクラッチ寸法を記憶している「クラッチコンフィギュレーション」と、クラッチが繋がる瞬間のレリーズの位置として記憶されている、「PIS」の値を変更することで行う[Fig. 2-42]。

他にも学習機能は何種類か存在し再学習も可能だが、私は重視していないので省略する。

上記それぞれの値を変化させるとF1システムの作動がどう変わるか、簡単に説明するため、極端に変更した時の作動を記すと、以下の通り。

- クラッチコンフィギュレーションを大きくする→クラッチの切れが早い
- クラッチコンフィギュレーションを小さくする→クラッチの切れが遅い
- PISが少ない→シフトのスピード自体が遅くなる
- PISが多い→シフトアップの際、アクセルが戻り切る前にクラッチが切れて、一瞬空吹かしのような状態になる

それぞれの値を微調整しながら、アクセルとクラッチの作動がいちばんうまく同調するポイントに設定する。

再調整が必要になる理由は、機械的な消耗に関するパラメーターはクラッチウエアのみと少なく、補正の情報が充分でないからだ。

クラッチをコントロールする際は、主にストロークセンサーからの信号を基に制御している。上記の通り、センサー自体は信号の誤差が大きくなる代物な上、クラッチ以外は機械的な部分の寸法が変化しない前提で制御しているからだ。だが現実は、クラッチカバーのベアリングと当たる面は削れて凹みが生じ、ベアリング側でも同様に力がかかる部分は潰れて変形していく。部品が摩耗や変形した分までは補正し

ないので、手動の補正が必要になるということだ。

さらに摩耗や変形が進むと調整で対応しきれなくなるので、ニュートラルから1速やリバースに入らない症状が出始める。この時は、本来の寸法に戻す目的で、クラッチやレリーズベアリングを交換することになる。

長期放置とシフトフィーリングの関係

F1システムのシフトフィーリングは、長期間乗らないことでも変化する。それは、長時間動かさないことで、クラッチ周辺の可動部分が固着し抵抗が増えるからだ。1～2ヵ月くらい車を動かさないとレリーズの動きが遅くなり、変速の動作が遅くなったと分かるほど変化する。屋外保管（湿度が多い環境）の場合は、さらに短期間で症状が出る［Fig. 2-43］。

軽症ならば、走行するうち抵抗がなくなり元のフィーリングに戻るが、重症になるとクラッチが切れなくなるので、その場合は分解が必要になる。長期間の放置は禁物である。

アクチュエーターの分解修理

F1システム解説の最後に、弊社で行っているアクチュエーター分解修理を紹介してみたい。

通常、内部の部品は供給されないため、100万円以上のアッセンブリーで交換になっていたアクチュエーターだが、漏れの原因となる内部のテフロンシールを製作し、オーバーホールが可能となった［Fig. 2-44–45］。

ストックしているのは、F355、360、F430用の3種類で、内部のO（オー）リングも同サイズのものを揃えている［Fig. 2-46］。

シール製作時は、製作する会社に何度も足を運び大変苦労したが、お蔭で修理費用はアッセンブリー交換の1/5前後で済むようになった。これからも皆さまの利益になるようなことを探し、実行していきたい。

まとめ

こうなると予想していたが、第二章の大半はF1システムの解説になってしまった。

F1システムは仕組みが複雑な上、何が壊れてもギアが入らなくなる症状なので、仕組みを理解した上、ギアが入らないなりに微妙な症状の違いをデータとして蓄積する等、難易度の高さに立ち向かった結果を、形にして残したかった思いは強い。

F1システムが登場した頃は何をするにも手探りで、とにかく部品を付け替え途方に暮れながらテストしていたことを懐かしく思い出した。

現在のミッションは、もう1世代進化しているが、メンテナンス業界では、これからもF1システムの診断や修理の需要が多いであろうから、同業の方々にも参考にして貰えるよう、症例と原因を細かく書いたつもりだ。参考になれば幸いである。

続いて第三章では、麗しき外装について述べていこう。

Il Capitolo
Tre

第三章

カロッツェリア

Carrozzeria

Il Capitolo Tre

Carrozzeria

はじめに

この章のタイトルがカロッツェリアのため、ひょっとするとデザイン変遷等の解説を期待されるかもしれないが、ここはメカニック目線に徹して書いていきたい。

ボディー全般におけるフェラーリ独特の部分、たとえば、用いられる特殊な素材や、量産車では行われない製法等を中心に、第零章で触れた事柄の続きを解説したい。

素材に関しては、他章の内容と重複する箇所もある。

I 外装編

1 フレームと外板

ボディー製作の手間

328や512BB以前のボディーワークにおける最大の特徴は第零章でも述べた通りで、流麗なデザイン画を忠実に再現するため手間を厭わぬことである。

本章に関連したことで言えば、ボディーパネル同士をハンダや溶接で繋いだ後、接合部の凸凹を削り落とし成形してから塗装するという、なんとも手間のかかる工程を経ている。

それは時代を遡るほど顕著で、かつてはドア、ボンネット、トランク、フュエルリッド等、開閉できる箇所以外の継ぎ目はすべて消されていた[Fig. 3-1–2]。

その後、量産性を意識するに従い、継ぎ目を消さない箇所は増えたが、V8ではF430まで、ルーフパネルとリアフェンダー間の接合部や、3分割の部品で構成されるフロントフェンダーの継ぎ目を消し、大きな1つの部品のように仕上げてあり、伝統の技法は健在であった[Fig. 3-3]。

他メーカーが製作した車も観察すると、ルーフに継ぎ目が存在しないボディーを継続的に生産しているメーカーは、スーパーカーや超高級車メーカーに限られるため、高級なハンドメイドの証という、昔からの約束事かもしれない。

だが、最近のモデルは、その約束事が少しずつ簡略化されている。458以降のV8モデルでは継ぎ目を消した技はほとんど存在せず、F12や812の12気筒も、ルーフとリアフェンダーの繋ぎ目に限定されるなど、手工業的な箇所は減らされる方向に変化している[Fig. 3-4]。

フレームワークとボディーパネル

フェラーリ黎明期から現在に至るまで、348とF355の例外を除き、独立したパイプフレームを持つ車体構造である。材質は2000年代を境に、それ以前は鉄、以降はアルミが用いられている。

鉄製のフレームワークは、梯子状のメインフレームが車両の前から後まで通され、そこにエンジンやミッションなどすべての重量物が取り付けられる。現在の量産車でいうとトラックのフレームに近い、時代がかった構造である[Fig. 3-5–7]。

フレーム表面は厳重な防錆処理が施され、1970年代の車でもフレームに錆が出ている車は少ない。

鉄フレームの時代は、楕円や角断面の規格品のようなパイプを加工し、溶接で繋いで製作していたが、アルミフレームでは、パイプは使用箇所に応じ最適化された断面形状を持つ押し出し材に、パイプが集合する部分のジョイント等、造形が複雑な箇所や荷重が大きくかかる部品は、鍛造や鋳造で製作されている。

また、ほとんどのパイプに板が貼られるため、パイプ単独で露出する箇所はエンジンルーム周辺だけと少ない。

過去の8気筒と12気筒を比較すると、8気筒モデルの方が量産性を考えて設計され生産技術も新しい。具体例を挙げると、348とF355でボディーの後部以外はモノコック構造を採用したのに対し、12気筒ではモノコックフレームの採用例はなく、2000年代中頃の575Mまで、昔ながらの鉄パイプフレームであった。また、アルミフレームの導入時期も、V8の360（2000）より遅く、612Scaglietti（2004）からである。

アルミフレーム化されても、従来のラダーフレームに近い、荷重の大半を床で受け止めるという方向に変化はなく、それは、ドアから上の部分、各ピラーの内部やルーフには、独立したフレームが存在しないことから窺える。これは、最近の流れである、ベルリネッタモデルが登場した後にスパイダーが追加されるにあたり、改めてフレームレベルからボディーを強化する必要がなくなり、それが大きなメリットになるからであろう[Fig. 3-8]。

パイプフレームの特徴は、独立したフレームで荷重をすべて受けることである。そのため、モノコック構造より外板の剛性が求められず、機械の覆いとして機能すればよいことになる。それはすなわち、デザインの自由度が高くなるということだ。

独立した骨格を持つことでデザインの自由度を得て、さらに、手間をかけて製作してもよいというコンセンサスがある。デザイン画が素晴らしいだけでなく、これらが融合しフェラーリの美しさは実現されている。

上記の理由から、ボディー外板に用いられる素材は、モノコックより軽さや加工しやすさを優先できるので、鉄、アルミ、FRP等、さまざまである。328や575M以前は、これらを場所により使い分けていたが、当時の8気筒と12気筒を比較すると、用いられる材質の傾向は異なる。

V8モデルは308の初期型だけ例外で、ほぼすべてのボディー部品はFRP製だったが、その後F355までは、前後フードがアルミ、バンパーがFRPや樹脂、他の部分は鉄で統一されている。それに対し、12気筒は車種により違いはあるが、FRPのボンネット、アルミのドアやフェンダーの採用例が多く、鉄の部分が少ない。8気筒は量産性を、12気筒は嵩みがちな重量の軽減を考えた材質の選択である。

360や612以降は、すべてアルミフレームとアルミの外装パネル、樹脂バンパーの組み合わせとなる。

F40以降のスペチアーレは、カーボンで統一されている。

外板部品の精度

供給されるボディー部品の工作精度は、時代を遡るほどひどい。一般的な感覚とは、かなりかけ離れているので、具体例をひとつ挙げてみたい。

事故修理のDinoで、ドアパネルを注文し届いた時のこと。その部品はドアと呼ぶにはほど遠く、アルミ板をDinoのドアっぽく見えるように切り抜き、ハンマーでガツガツ叩いて成形したような代物だった。

そんな品をしばらく驚きながら眺めた後、こんな物を持って行ったら怒られそうだと思いつつ鈑金屋さんに届けたが、別に普通に受け取ってくれた。

1980年代以前のボディー部品は、大体その程度の造りであるから、昔のフェラーリに慣れた鈑金屋さんに新品部品を持っていくと、「部品は作るから、わざわざ新品取らなくてよかったのに」と言われることもある。

昔ながらの鈑金屋さんは、ドアくらいなら平気で板から叩き出し作ってしまうので、想像以上に強者(つわもの)で偉大である。メカニックにしても鈑金屋さんにしても、そんな半ば手工業のような職人技を求められるのがクラシックフェラーリであり、フェラーリに携わる職人の醍醐味である。

348 以降で(やっと)精度は向上したが、作った品を積み上げて保管する、輸送中に変形する等、まだ管理面で国産車部品のようにはいかない。また、バンパーなどFRP が材料の部品は、成型時の捻れが大きいなど個体差が大きく、交換には再成型や修正など、それなりの手間は現在も必要である。間違っても国産車の感覚で、取り付け前に塗装などしてはいけない[Fig. 3-9]。

変形しやすいアルミ素材

ほとんどのフェラーリは、エンジンフードやトランクがアルミ製で軽量なため、閉める時は、普通の車のように落としただけでは閉まらず、最後にカチッというまで手で押してロックさせる。想像以上に鉄より柔らかく、リアフェンダーに肘をついただけで凹んだ例もあるので、押す場所と力加減は要注意だ。

フロントフードが逆開きの車種は、なるべくロック位置の真上を手のひら全体で押すように、正方向に開く 360 以降は、エンブレムを押して閉めれば凹みにくい。

フード以外の部分も、力をかけ過ぎないよう注意が必要である。軽量素材のメリットにはトレードオフがあり、デリケートな扱いを要求される。

意外に強いカーボンとケブラー

1980 年代後半の F40 から、カーボン部品を採用している。

F40 は、ケブラーとカーボンをミックスした生地をベースに、強度が必要な箇所はハニカム構造を挟み、ウエット製法で固め外装部品を製作していた。

ドライカーボンも多少使われているが、床やエンジン下のパネル等、平面部分だけである。

F40 の生産が終了した 4 年後に登場した F50 は、バスタブ形状をしたメインフレームを始め、インナーフェンダーやアンダーパネルも含めたボディー部品のすべて、さらに内装のダッシュボードやシートに至るまで、すべてドライカーボン製である。

これだけのドライカーボン成形型をすべて新規で起こしたとすると、5000 万円の車両価格と 350 台程度の生産台数では型代の償却もままならないはずだ。F50 の新車価格はバーゲンプライスである。

333SPのホモロゲーションのため作られた市販車という特殊な成り立ちゆえに、F40から技術的に何段も飛び越え、一気に現代のレーシングカーのような構成になったと思われる。さらに特徴的なのは、それまでのフェラーリではあり得ないほど、ボディー部品の建て付け精度が向上していることだ。それも、部品単体で精度が揃っているというより、おそらく未塗装の状態で一度仮組みを行い、入念に建て付けを調整した後に再度分解して塗装したような、手間の塊のような手法である。

それまで無頓着とも言えたボディーの工作精度を突然上げたのは、当時のライバル、マクラーレンF1の存在なのだろうか。想像は膨らむ。

後のEnzoも、同様の素材と手法で製作されている。

F50が新車の頃、カーボンフレームの耐久性は一体どれ位なのか疑問に思っていた。カーボンクロスを樹脂で固めた品なので、大きな力がかかる部分は外力により樹脂が砕けていき、そのうち布に戻ってしまうのではないかと不安だった。

それから25年ほど経ち、数万km走行した車両を観察しても、いちばん力がかかるモノコックとエンジンの接合部や、フロントサスペンションの取り付け部等、これといった変化はない。レーシングカーのクオリティーで製作されたドライカーボンの耐久性は、かなり高い[Fig.3-10]。

ただ、ボディーパネルとして成形されたカーボンは、マフラーの熱が直接かかる場所には向いていない。F50は、走行距離が伸びるとリアバンパーのマフラー周辺が前記で心配した通りになり、マフラーで高熱になった部分は、布に戻ったようなブヨブヨとした手触りになることもある。

12気筒のスペチアーレ以外でカーボン部品が採用されたのは、360ストラダーレからだが、内装やリアガラス周辺、アンダーパネルなど、力がかからない場所や装飾的な部品に限られる。その後のモデルでも、オプションで内外装ともに多くのカーボン部品を選べるようになったが、やはり強度が必要な箇所には設定されていない[Fig.3-11]。

カーボンフレームは、12気筒ミッドシップのスペチアーレだけの特権である。

マグネシウム部品ならではの注意点

かつては軽量化の手法として、マグネシウム製の部品が多く使われていた。なかでも 1 台の車に用いられるマグネシウム部品の点数は、ずば抜けて F40 が多い。

エンジンオイルパン、クラッチハウジング、エンジンフロントカバー、ヘッドカバー、インテークマニホールド、エアクリーナーのダクトなど。その点からも、F40 開発時の方針と思われる、軽量化への執念を感じる［Fig. 3-12–13］。

しかもそれらは、手作業で造形したと思われる雌型を用いた砂型鋳造なので、材質の凄さ＋歪な（侘び寂び的な）造形の迫力が、部品単体からも濃厚に発散する。さすがレースが本業であると公言する会社の製品である。

マグネシウムはアルミより軽量なメリットがある反面、空気に触れた時の酸化が著しいので、空気に触れてはいけないという、デリケートな取り扱いを求められる素材だ。

そのため、下地は粉体塗装を施し空気と遮断した上に、通常の塗装をするのが基本だが、所詮は塗装のため石はねに弱く、金属の素地が露出しやすい。塗装が剝がれた箇所を放置すると、その部分は黒ずんだ粉に変化し、面積は狭くても蟻の巣のように深く腐食が進むので要注意である。

多少塗装が剝がれたくらいで下地から修正し直すのは現実的ではないが、筆差し等で金属の露出を防ぐくらいの気遣いは必要だ。

そのためか、現在のモデルはマグネシウム材を使わず、アルミ合金に置き換えられている。

モデル途中で行われる構造と材質の変更

モデルの初期型では、量産性が悪くても軽い素材を用いての軽量化や、手間を厭わずオリジナルデザインを忠実に再現する方向性だが、生産が進むと量産性がよい素材や成形型に置き換え、多少性能が落ちても生産時の工数を減らす傾向が強かった。それは Dino から始まり F355 まで続く。

機械的な変更点も多々あるが、ここではボディーに限り例を挙げてみよう。

- Dino206GT：アルミボディー→ Dino246GT：段階を経て鉄ボディー
- 308：ファイバーボディー→鉄ボディー
- 328：ドアノブ形状の簡略化

- テスタロッサ〜512TRの過程で：エンジンフードのフィン廃止　フロントバンパー材質はFRPからウレタンに変更
- 348：最終型ではフロントバンパーが従来のFRPからウレタンに変更
- F40：カウル重量が年式によって違う。初期型の方が軽量
- F355：初期型はFRP製バンパー→積層樹脂製（数十kgの重量増）
  初期型のダッシュボードはFRP→樹脂製に変更（どちらも成形に金型を採用）

ざっと思い付いただけでも、これだけの例がある。多くの台数を作るに当たり、工数的にネックだった部分がよく分かる。また、かなり重量が変わる変更でも、車重の公称値は特に変更しないのがフェラーリらしい。
　ただ、第零章でも触れた通り、これはコストダウンではない。金型＝コストダウンは、量産車にだけ通じる理屈である。

塗装の変遷史

1970年代から現在までに、塗料メーカーは2回変更された。
　それ以前の1970年代半ばまでは、ラッカー塗料である。
　まず現在では使われなくなったが、初期の輝きは現在の塗料に勝り、まるで塗りたてで乾いていないような艶だった。だが、塗膜の耐久性は低く、こぼれたガソリンでも塗膜が変質するという、現在では考えられないレベルである。また、経年により次第に塗装が縮むデメリットも持つ。劣化した塗膜は白っぽくなり艶は褪せ、細かいヒビが入る。
　その後、グラスリット社製の塗料に変更された。
　15年以上使われた間、同じロッソコルサでも色の変更が4回あり、旧いロッソコルサほど黒ずんで見える。特に、グラスリット最終の300/12という色番が登場した時は、ずいぶんと朱色っぽくなった印象を受けた。
　グラスリットも独特の魅力を持つ。今にも溶けてきそうな艶、まるで目に刺さるように存在を主張する赤。影の部分は、塗色と黒のグラデーションに発色する。私はいちばんフェラーリらしい赤だと思う。現在は指定から外れたため入手困難なのが惜しい。

グラスリットの時代は、塗色の上にクリア塗装を行わなかったが、1996 モデルだけはクリア層を持つ過渡期タイプが存在する。

その後、1997 年から塗料メーカーが PPG インダストリー社になり現在に至る。PPG は塗色の上に厚くクリアを塗装する。そのため、光が当たるとクリア層の反射で白く輝くので、それまでを見慣れていた私は、当初かなりの違和感をおぼえたが、見慣れると、これはこれで綺麗と思えるようになった。

溶剤を水性に移行したかったのが、おそらく PPG に替わった理由だろう。少量生産といえども環境には十分な配慮が必要な時代である。

F430 や 599 以前、バンパーの材質がウレタンに変わる前の、FRP や樹脂で作られていたモデルの塗装は、石はねに弱い。大げさでなく、高速道を走るたびに石はねの傷が増えるくらいの頻度である。

これは仕方がないので定期的に塗装し直すか、最近ではバンパー用の保護フィルムが出ているので、それを貼ると被害を少なくできる。

段差ゼロのオプションのライン

ストラダーレからオプションで設定されているラインは、塗色の上に薄手のシートを貼った上にクリア塗装を施し、ラインの周りにクリアの層を積み上げ段差をなくしてある。PPG 社になってからクリアが厚塗りになったことを逆手に取った手法で、最初に触った時は感動だった〔Fig. 3-14–15〕。

その理屈は分かっていたものの、作業の難易度まで想像できなかったが、ラインなしの車に後からラインを入れる機会があり、その膨大な手間が理解できた。

クリアを 1 回塗装するたびに、ライン上のクリアを磨き落とし、再度クリアを吹き付ける。これを繰り返し行うことで、ライン以外のクリア層を厚くするのである。この工程を 7 ～ 8 回繰り返し、ようやく完成する。

美しさのためには、そのくらいの手間を厭わないのは、やはりフェラーリである。

ちなみに、モデルが新しくなるごとに、このオプションラインの仕上がりは完成度を増している。当初 360 ストラダーレの頃は、フロントバンパー上のライン始まり位置が、車によりまちまちで、どれが本当の位置か分からないほどだった〔Fig. 3-16〕。

また、必ずと言ってよいほど、シートを貼る工程でエアを噛み気泡が出来ていた。そのまま上からクリアを塗装してしまうので、後から修正しようにも不可能であり、最近のフェラーリでは珍しく、仕上がりの当たり外れが存在していた。

塗装の保守とボディーカバーの弊害

フェラーリの塗装は、量産メーカーが用いる焼き付け塗装よりも柔らかく、傷が付きやすい。そのため、量産車と同じ感覚で取り扱うと劣化が早い。特に赤や黒の濃い塗色の場合、蛍光灯の下で見ると、布で拭いただけでも細かい傷が少しずつ増えていくのが分かるほどである。そして拭き傷が増えると、全体が白っぽく変色したようになる。

だから、いつも洗車されている車ほど、塗装の表面に細かい拭き傷が多い傾向だ。大事にしているつもりが、逆に塗装を傷める結果になるので、洗う頻度は少ない方がよい。

他にも、エンジンルームや前後グリルなど、艶有り黒で塗装されている部分は、水が付着したまま放置すると、艶は褪せ白く変色しやすい。

ボディーに積もる埃への理想的な対処は、コーティングを施し埃が付着しにくい状態にしておき、積もった埃はエアガンなどで飛ばし、なるべく拭かないことだ。

ボディーカバーの弊害は、湿度を逃がさないというだけにとどまらない。どんなに柔らかい布で作られていても、擦れる力が多くかかるエッジの部分は、どうしても細かい傷が増え白っぽく変色してくる。だから室内保管の場合は、ボディーカバーなしがお勧めである。

塗装を綺麗に保つには、極力触らないのがいちばんである。

2 ライトとランプ類

ヘッドライト(360以降)

360以降のヘッドライトには透明のカバーが装着されており、その内側が湿度により結露しやすい。ライト本体に換気の穴は開いているが効果は薄く、結露したり乾いたりを繰り返すたびに水滴跡が増え、それがヘッドライト点灯時には浮かび上がるので、かなり気になる[Fig. 3-17]。

掃除したくとも裏からは触(さわ)れず、カバーを外そうとしても、全周に爪があり本体に嵌め込まれているので、まずはライトを車体から取り外し、透明カバーに熱を加え柔らかくしないと外れない。かなり難易度が高く、簡単には掃除できない代物である。

あとは、ライトを丸ごと超音波等で洗浄する方法もあるが、これも工程が多く部品も傷むので、そう頻繁にはできない。

新品にすれば(また曇るまで)解消されるが、たいていのモデルで片側30万円以上する。どれを選んでも、難易度、金額ともに高いので、かなり悩ましい現象である[Fig. 3-18]。

テールランプ

車の後ろ姿の印象を左右するテールランプはもうひとつのフェラーリの顔である。その格好良さを追求するために孕(はら)む問題もある。

砲弾型テールランプの割れ(F430　Enzo)

……………………………………… たとえばF430やEnzoのテールランプは砲弾型の造形で、弾の先にあたる細い部分だけでボディーに固定されている。そのためテールランプ自体の振動が激しく、固定部分が割れテールランプが脱落した例もある[Fig. 3-19]。

熱による変形(テスタロッサ系12気筒　348～360)

……………………………………… マフラーの熱によりテールランプの変形が進む。348やテスタロッサ系の角型テールランプは、マフラーに近い角から、F355以降の丸いテールランプは、元々の円柱形が球形へ変形していく。角が取れ平面の部分は膨らみ、バックランプ部は盛り上がってヒビが入る。

破損しやすいボディー部品

第零章から上記までで述べた通り、現在のフェラーリでも使用環境は多くを想定していない。気候への対応以外でも、作り手の想定から外れるとトラブルが起こる箇所は散見される。

ドアミラー（F430以前）…………………… フェラーリの場合、電動でミラーをたためる車種以外は、万が一歩行者等に当たった時、対象へのダメージを減らすための可倒式であり、ミラー内部の骨格はあえて強度を落とし、想定以上の衝撃が加わると内部が折れて衝撃を逃がす構造である。

駐車の際にミラーをたたむ前提では作られていないので、電動以外のドアミラーで駐車時にミラーをたたむのが習慣になっていると、まずはミラー内の関節部分を固定するビスが緩みミラーのガタつきが多くなり、そのうち内部の構造物が折れることもある。折れてしまうと交換になるが価格は高く、車種により未塗装で15万～40万円。328以前のフェラーリロゴ入りビタローニは、入手すら困難である。

もし国産車ならば、可動部は何回動かしても大丈夫という感覚が普通だろう。それとは相当異なるので、極力たたまないようにしたい。

ヘッドレストとロールバーの干渉（360　F430スパイダー）
……………………………………………… 両車のシートは、いちばん後ろまで下げるとロールバー下の塗装部分とヘッドレスト裏が当たる。特にパワーシート装着車の場合、人を乗せたままシートを前後させるほどのパワーなので、強力に押し付けられ傷になりやすい。この類のことは、たとえば国産車なら発売前に解消する事柄なので、細かいことだが例として挙げてみた。乗り降りの際、シート位置を下げる習慣の人は要注意だ。

ドアロック機構の破損（360　F430）…… 両車で、バッテリースイッチOFFの時、鍵でドアのキーシリンダーを回すと、操作がひじょうに重い。これは、キーシリンダーと連動しロック機構を動かすモーターのアシストが、バッテリースイッチをOFFすることにより作動しなくなるため。

しかも、キーシリンダーからロックの機構を繋ぐロッドやジョイントは華奢なので、操作が重いところを無理に動かすと、ジョイントが外れキーシリンダーの操作が不能になることもある。

バッテリーOFFの時は、ドアロックの操作を想定していない造りだ。

保管場所ではバッテリースイッチをOFFにして、それからキーでドアをロックするオーナーさんは結構多いと思うが、力のかけ過ぎには、くれぐれも注意されたし。

脆弱なドアの開閉機構（全般）…………フェラーリのほぼ全車種は、ドアのオープナーハンドルを引くと、間のケーブルがロック機構を引っ張り解除することで、ドアが開く構造だ。そのケーブル端はL型の金具で、プラスチックのクリップで固定されている。

機構の動きが悪くなると、ドアハンドルを引いた時にクリップからケーブルが外れてしまい、ドアが開かなくなるトラブルが348と360で多い。

348は元々ドアハンドルが重く、操作する力にケーブルが負けることが原因なので、ケーブルやクリップを交換したくらいでは、またすぐに外れてしまう。当時クリップではなくネジ止めに変更し対処していた。

360は、ハンドルを強く引いたり、引く時に弾いたりすると、いとも簡単に外れてしまう。その時は、組み付けの際にケーブル金具の固定部分を、タイラップ等で補強してやれば再発しにくくなる。

また、ケーブル自体が錆びて動きが悪くなると同様のことが起こる。

以前360で錆びたケーブルが固着し、運転席ドアが外からも内からも開かなくなった。修理するにはドアの内張りを外すのが前提なので、その時はドアが閉まったまま内張りを外して対処したが、そのためにドアが閉まったままダッシュボードを外すという、おそろしく難易度が高い作業だった。

F355では、外側のハンドル自体が折れてドアが開かなくなる。以前はハンドル丸ごとの交換だったが、現在は折れた部分だけ社外品で入手できるので、以前より金額はかからなくなった。

幌

以前のモデルでもスパイダーは少数ながら生産されていたが、モンディアル8から一般的になった。モンディアルや348スパイダーの幌は、すべて手動で開閉するシンプルな構造である。

F355スパイダーから、油圧シリンダーをコンピューター制御で動かす構造になったが、幌を動かす機構の収納は室内スペースを削ることで確保しているため、圧迫感が大きい[Fig. 3-20]。また、幌の作動時は機構がシートと干渉しないよう、自動でシートが前に移動する仕組みだが、大柄な人がシートに座ったまま幌の操作をすると、膝がダッシュボードに押し付けられるくらいに大きな移動量で使い勝手も悪い。

幌の骨格は華奢で、作動途中に引っ掛かり曲がる例が多い。他にも、油圧シリンダーに内蔵されているスイッチ、シートの前後位置を測っているポテンショメーター等、制御系にも信頼性の低い部品が何点か存在し、これらの部品が壊れると幌の作動が途中で止まる症状になる。

以上のように元々弱い機構であるところ、さらに最近では部品供給も悪くなり、F355スパイダーの幌メンテナンスに要する金額と時間は、今後はさらに増加していくだろう。

F355以前のソフトトップ開閉機構は貧弱だったので、フェラーリ同士の相対的な比較だが、360やF430で信頼性は格段に上がり、しかも雨天でも水漏れしなくなった。幌はエンジンルーム上部にたたんで収納されるので、室内空間はベルリネッタと同等である。

幌は、布製の宿命で耐候性が低い他、開閉を繰り返すと、収納時にたたまれる時の折り目部分に伸びが生じ、たとえばCピラーに相当する部分は、緩んで隙間が開いてしまう。劣化により幌を交換する場合、360やF430は純正を使うと部品代だけでも100万円を超え、社外品を用いても、その半分くらいである。

機構で弱い所は何箇所か存在する。まず多いのは、作動時に骨格の一部を引っ張りたたむ役割をするゴムが劣化することで、うまくたためずトレーから飛び出してしまうこと。そうなると蓋が正常に閉まらなくなるので、蓋部分の骨格は曲がり、作動時にボディーと干渉し傷を付けてしまう。

他にも、蓋を開閉する油圧シリンダーからオイルが漏れるケースが多い。この部品はエンジンルーム内に配置され、真下にはエキゾーストマニホールドが位置するので、熱の影響を大きく受けるためだ。ここからのオイル漏れを放置したため、漏れたオイルがエキゾーストマニホールドに付着し、発火した例もある。

F430の途中から、熱対策としてカバーが取り付けられた。360でも取り付けた方がよい品である。

あと、幌の作動オイルは漏れがなくても少しずつ減る。オイルが少なくなると油圧ポンプにエアを噛むので、ガリガリしたモーターの作動音になり、幌の動きが遅くなる。こうなるとポンプに大きな負担を掛けるので、オイル量は定期的な確認が必要である。

ハードトップ(GTS)

手動でハードトップを外すとオープンになるモデルはGTSと呼ばれ、Dino246GTからF355までで設定されていた。外したトップはシート後ろのスペースに収納する方式である。大きな品のため、ひとりでトップを脱着するには慣れが必要だ。

328以前では、ボディー製作時にトップも現物合わせで加工するらしく、他の車には装着できないほどの個体差がある。

あとGTSモデルは、ベルリネッタよりボディー剛性が低い。特に348は、トップを付けた時と外した時で、車の挙動が明らかに変化する。また、トップを外した状態でジャッキアップすると、ドアの開閉に難が出るほどである。

F355は348より剛性は上がったが、それでもベルリネッタと同等ではない。ルーフとピラーの繋ぎ目に触れながらコーナリングすると、ボディーが変形しトップとピラーの隙間が変化するのを確認できる。

取り外すタイプのハードトップも、油圧を動力としてスイッチで動かせる機構へ進化した。過渡期の575SAは、屋根が回転して裏返るだけだったが、カリフォルニア以降はトランクへ収納する方式になった。

詳細は後述するが、カリフォルニアの作動方式は、メルセデスのSLと同等であり、

大きなトップを油圧で動かす構造の割に信頼性は高い。だが、何回も作動させているうち、可動部の油圧ホースが擦れて削れていき、ホースが破裂するマイナートラブルは発生している。

ハードトップ格納の進化(458スパイダー)

458スパイダー以降はミッドシップでありながら、エンジンルームにハードトップを収めるスペースを設け、自動で収納する方式になった。リアウインドは収納されないが、パワーウインドで上下できる[Fig. 3-21]。

2分割のルーフを畳んで収納する構造や作動は、カリフォルニアのミニチュア版のようで、実績のある方式を、限られたリアスペースのミッドシップに適合させたようだ。

そのため、エンジンフード長はベルリネッタの半分位になり、フードを開けてもエンジンの後端しか見えず、エンジンのメンテナンス性は悪化した[Fig. 3-22]。

通常メンテナンスの範疇であるプラグ交換にも苦労するほどなので、後に必ず起こるオイル漏れ等に対処するには相当な手間が予想され、458スパイダーのエンジンルームを覗くたび、憂鬱になる。

II

内装編

内装部品の工作精度

内装部品の骨格は、ダッシュボード等の大きい部品はFRPや積層樹脂で成形し、小さい部品はアルミ板を加工して作り、その上に縫製した革や布を手作業で貼り付けるという、何とも手間のかかる伝統的な手法で製作されている[Fig. 3-23]。

造形の精度は昔のモデルほど低く、モデルが新しくなるにつれ骨格と縫製の両方で精度が上がる。

2000年(F355)以前は、ドリルで穴を開け鉄板ビスで止めるような手法で、内装部品をボディーへ固定していた。内装の部品は柔らかい上に振動が加わるので、この固定方法では、特にドアの内装を固定するビスが緩みやすい。緩んでビスが飛び出たままドアを開閉して、ステップに挟まった例があるので要注意だ。

さすがに、ダッシュボードなど大物部品はボルト止めしているが、形状の個体差が大きい品を現物合わせで固定するため、大量のワッシャーを挟むことで建て付け位置を調整してあるだけでなく、他メーカーと比べ華奢である。

分解した時は、その車の生産工程と同様に、建て付けを調整しながら組み立てるので、量産車よりかなり手間がかかる。

360以降は、内装部品の成形に金型が多く使われる。固定方法も、クリップ等の一般的な方法になり、精度とメンテナンス性の両方が向上している。

皮革

フェラーリ内装の革は高品質である。F355までのフェラーリはコノリー社の製品が用いられていた。艶はなく柔らかで、しっとりした手触りが持ち味だった。年月が経った現在では、革は固くなった上に表面は光り、当時の面影を残す車は少ない。

コノリー社が革の生産を止めた後、360以降はポルトローナ・フラウ社の製品になった。以前からすると厚手で、ザラッとした手触りになったが、こちらの方が耐久性は高そうである。

かつてのダッシュボード周辺は、縮みを嫌ってか、直射日光が当たる部分は敢えてビニールレザー（348以前のV8、1960年代の12気筒等）や、布（DinoやF40）など、革でない材料を使う工夫が見られたが、12気筒は1970年代から、V8でもF355以降はダッシュボードも革になった。内装部品のうち革が占める割合の多さは2000年頃がピークで、その後はカーボンやアルミ素材の割合が増えていく。

経年劣化による収縮（1990年代以前）

革は年数が経つと縮む宿命なので、革が張られているベース部分の強度が足りないと、縮むと同時にベースを引っ張り変形させてしまう。

この現象がF355のメーターバイザーで多く起こる［Fig. 3-24］。

バイザーのベースは、ウレタン系の柔らかい材質なので、縮んだ革で引っ張られると簡単に変形し、ダッシュボードとの繋ぎ目に隙間が開く。ひどくなると、張ってある革の端が飛び出し、ダッシュボードのなかが覗ける位の隙間になる。そうなると、かなり革は縮んで固く、ウレタンのベースも変形が大きいので、ベースを成形し直した後に革を交換し張り直す作業が必要になる。

今後は、ダッシュボード上部のデフロスター吹き出し口周辺も要注意である。

上記とは逆に、ベース部分と革の間に挟まれたスポンジが経年で潰れてしまい、革に大きな緩みが生じるケースもF355やF50以前で多い。

たとえばF355では、ダッシュボード、ピラーやドアの内装で起こり、現在では大半の車が、その状態である。この場合、革の縮みは少ないので、内部のスポンジを交換すれば対処可能だが、修理したい箇所の革を一旦剝がすことになるので、それなりの手間はかかる。

F50は、ダッシュボード上面に大きな皺が出やすい。最初のうちは日光に当たると表面が張るので消えてしまうが、消えない皺がだんだん増え、さらに全体が波打つようになる。この部分はスエードのような生地が用いられ、以前は入手困難だったが、最近は生地が再生産されたらしく値段も下がり、(F50にしては)割と手軽に張り替え可能になった。

革の保守

革という素材の宿命で、いずれ縮み固くなることは避けられない。しかも、車内の温度差は年間で50℃以上と大きく、上に人も乗る。条件は過酷である。内装の革を少しでも長持ちさせるには、まずは直射日光を避け、車内を高温にしないことだ。

あと湿度も重要である。日本の多湿な気候はカビを発生させ易い。理想を言えばガレージごとの除湿だが、せめて車内に除湿剤を置くなど何らかの対策をした方がよい。

カビは普段触る機会が少ない部分、たとえばセンターコンソール先端の足元付近、シートの裏等から発生しやすい。もしカビを発見した場合は即取り除かないと、革の色が白っぽく変色し跡が残る。

かといって、湿度がまったくなくても革が固くカサカサになる。元は生き物だった素材なので、人が快適と思う湿度が内装の革にもちょうどよいということだ。

私の場合は、革が乾いている時は掃除しながら多少水分を補給している。それで意外と重宝するのが、ごく普通のアルコール系で缶スプレータイプのガラスクリーナーだ。油性と水性両方の汚れを溶かし、革表面の塗装への攻撃性が弱く、なおかつこれで拭いた後は若干シットリ感が戻る。

今まで色々と試してみたが、シリコン系でコーティングも施すタイプのクリーナーでは、革が不自然に光る上に、特にシートは滑って運転しづらくなってしまう。あと、年数が経つと白い粉のように変色する場合もあるので私は使っていない。フェラーリの場合は、何年か後に、どう変化するかという基準も、ケミカル品を評価する際に重要になる。相対的に車自体の寿命が短い量産車とは違う部分である。

他に、たとえば革の表面が白く変色するまで乾燥している時などは、ハイドケアという、かつてはコノリー社の製品で、コノリー社なき後、現在も別メーカーで生産されている品を使っている。革を掃除した後ごく薄く塗るだけで、最初は油っぽいが時間が経つと染み込みシットリする優れ物だ。

内装部品のベタつき（348　456GT以降）

1990年代以降、スイッチ類やエアコンパネル、ステアリングのコラムカバー等、触れる頻度が高いプラスチック部品にはゴム塗装が施されている。ヨーロッパでは量産車でも採用例が多く、割と一般的な仕上げである。

しっとりした手触りで滑らないためスイッチ操作がしやすく、高品質感を手触りでも演出できる優れものだが、大きな欠点もあり、経年で溶けベタベタになる代物である。

まずは手触りがベタつく感じに変わり、その後、触った指に黒いベタベタしたものが付着するようになる。最後は、液体に戻ったように、ぬるぬるして触れないほど劣化する。保管状況で差は出るが、寿命は大体10年前後だ［Fig. 3-25］。

溶ける原因は紫外線と熱の2説あり、私が塗料メーカーの方から聞いたのは紫外線説だった。

修理の際、新品に交換しても10年後にまた交換する羽目になる。また、部品を交換しようと取り寄せても、新車当時のストック品が来てしまい、箱を開けるとすでにベタベタだった例が多く、F355以前になると部品の生産終了も増えている。

そのため、再塗装による修理がいちばんよい選択になる。オリジナル同様のゴム塗装も可能だが、弊社工場では再発を嫌い、通常の艶消し塗装で対応している。

一時、ベタベタ隠しに上からカーボン部品を貼りつける方法もあったが、ベタベタを綺麗に落とした後に貼らないと、すぐ剝がれてしまう。

この10年しか持たない塗装が、これを書いている時点で20年以上の期間、現行モデルでも使われているのは不思議である。

世界的に同じことが起これば、さすがに対策して材質を変更するだろうから、ひょっとすると、日本のような気候限定で起こるのかもしれない。

まとめ

私の専門から少し外れたテーマゆえ、特に塗装やボディーの製法については、表面を流した内容になってしまったが、内外装に関しては以上である。

フェラーリ内外装の弱さばかり強調する内容にもなったが、生産されて20年以上経っても大半の車が残り、そこからさらに何十年も存在し続けるであろう、フェラーリ特有の寿命の長さを前提とした視点で書いていることは加味して頂きたい。

次は電装品の解説である。

現在はフェラーリでも電装品の発達が著しいので、最近のモデルを中心に話を進めていくことになるだろう。

Il Capitolo
Quattro

第
四
章

電装系

Sistema Elettrico

Il Capitolo Quattro

Sistema Elettrico

はじめに

現代の車における真の主役は電装品、それもコンピューター制御技術である。

本章では、それを分かり易く解説することを趣旨とするが、まずは基本的なことから順を追って説明したい。

電装系の手始めは、昔も今も変わらず電装品の心臓であるバッテリーから解説をはじめたい。

その後、エアコン、パワーウインドウやパワーシート、コントロールユニットと話を進めていく。

1 バッテリーと周辺機器

バッテリーとは充電可能な電池で、セルモーターを回すため数百Aの大電流を取り出せる品が車用として用いられる。

フェラーリの場合、大排気量かつ多気筒なエンジンをクランキングするため、バッテリーも高い能力が要求される。

CCA（コールドスタート時に取り出せる電流の目安）は500A以上の品が指定される。エンジン始動後は、オルタネーターの発電で車が使用する電力を賄い、バッテリーも充電される。

採用バッテリーの変遷

従来の鉛バッテリーから派生し、カルシウム、オプティマ、AGMなど種類は増えたが、これらは極板の材質と保持する構造の違いで、いずれも鉛系合金の電極に硫酸の電解液を反応させ、電流を取り出す原理は変わらない。

フェラーリでは、その時々において最良の構造を持つバッテリーを採用しており、1980年代からはカルシウム電極、2000年代からは電解液がゲル化されたタイプ、その後はAGMとなるが、モデルにより430スクーデリアではオプティマ、以前のモデル向けに新たに純正指定されたオデッセイ（バッテリーブランド）も存在する。

バッテリーの選択基準

上記で紹介した色々な種類のバッテリーを、私はどのように使い分けているのかを紹介してみたい。基本的に、保管中の消費電力に応じて選択している。

F355以前のV8モデルや575M以前の12気筒は、保管中に消費する電力が少なく、保管中はキルスイッチOFFでも弊害はないので、AGM等最新の品は不要だが、たいていメンテナンス性が悪い場所に搭載されるため、液の補充が不要なカルシウムバッテリーでちょうどよい。

V8で360以降のバッテリーは、室内の助手席足元に搭載されるので、万が一クラッシュしてバッテリーが割れても室内に飛び散りにくいよう、電解液がゲル化された品は必須である。

F430の後期型以降は、保管中に消費する電力が多くなった上、キルスイッチが廃止されたので、性能が悪いバッテリーを使うと2週間くらいでセルモーターが回らなくなる。

360やF430は、スペースの制約で全高が低いバッテリーしか装着できない。現在入手可能なAGMはサイズが合わないので、電解液がゲルタイプの品から選択して用いる。

458以降も同様に、バッテリーが上がりやすい。458からバッテリーのサイズが拡大されAGMを使えるので、交換の際は迷わずAGMを使うべきだ。

612やカリフォルニアは巨大なバッテリーを搭載するので、種類による性能差が少なく、安めの品を早めに交換するのが私の好みである。

599以降の12気筒もバッテリーがあがりやすいため、458以降のモデルと同様にAGMがよい。

バッテリーの搭載位置

バッテリーは20kg以上の重量物であるため、フェラーリはバッテリーの搭載位置にも当然のごとく拘る。

328までのV8や365～512BBでは、フロント車軸ライン上の中央、地面にもっとも近い場所に搭載していた。リアが重いミッドシップのため、少しでもフロント荷重を減らさない工夫である。そのため、フロントのラゲッジスペースは底上げされ、スペアタイヤと工具以外は荷物が積めない。量産車では大問題になるようなデメリットでも、運動性能を優先する信念はさすがである［Fig. 4-1］。

そこから一転し、テスタロッサ系や348、F355は、フロントのラゲッジスペース確保が優先となり、バッテリー位置はフロントオーバーハングへ移動してしまった。しかも348では、初期型はリアバンパー内だったのが、後期型はフロントバンパー内に変更され、少々迷走気味である。

360以降のV8は原点に戻りながらさらに進化し、助手席の足元に搭載される。運動性能の他に、コーナーウエイトの適正化まで考えた配置である［Fig. 4-2］。

FR12気筒では、鋼管フレーム時代は助手席側のエンジンルーム後端が定位置だったが、612や599ではトランクルーム右サイドになり、F12やFF以降はエンジンルーム助手席側後端に回帰した。最近の12気筒はバッテリーサイズが規格品の最大であるLN3（長さ280mm 幅175mm 高さ190mm）のため、無理やりスペースを見つけて押し込んだ感が否めずメンテナンス性は悪い。

カリフォルニアから始まったFR8気筒も、同様にLN3サイズで、エンジンの前端が定位置となる。いずれにしても、V8モデルのように搭載位置では見る者を唸らせるまでには至らない[Fig.4-3]。

リチウムバッテリーが採用されない理由

マクラーレンや最近のドイツ車など、他社ではリチウムバッテリー採用例が増えてきたが、フェラーリでは現在La Ferrariだけの採用にとどまる。

車用のリチウムバッテリーは、他社の場合でおおむね30万円前後と高価であるが、従来の鉛と比べて劇的に軽く、特に自動車用においては、リチウムに置き換えただけで10kg単位の軽量化となる。軽量化のためには、より高価なカーボンブレーキを躊躇なく採用するフェラーリでも、バッテリーをリチウム化しない理由は、現状ではそのデメリットが大きすぎるからだろう。

リチウムバッテリーは充放電の管理が難しく、電流を緻密にコントロールしないと破裂する可能性があること、さらに、破裂やクラッシュで内部が飛び出した時は発火する恐れがあるという、大変デリケートな品である。

上記のバッテリー搭載位置で解説した通り、最近のV8モデルは室内にバッテリーが搭載されるため、安全を考えると踏み切れないだろう。今後リチウムバッテリーが採用されるには、バッテリー搭載位置をキャビン外とする大掛かりな変更が必要になり、まだ先のことになりそうだ。

バッテリー周辺のウィークポイント

セルモーターへの配線やオルタネーター出力端子、エンジンのメインアース線など大電流の配線が、特に1990～2000年代前半のモデルで弱い。

348やテスタロッサの、バッテリーとセルモーターを繋ぐ配線のジョイント部は、ワンタッチで取り外し可能だが、そこが接触不良を起こしやすい。バッテリー上がりと同様、セルモーターの回りが悪くなるが、バッテリーを交換しても改善しない症状になる。

360は、エンジンブロックとフレームを繋ぐメインアース線が弱い。これもセルモーターの回りが悪い症状になる。同時にエンジンのセンサーやインジェクターもアース不良になるので、それに関連したエラーが入り、警告灯の点灯を伴う場合もある。

このアース線は完全に断線するケースもある。その時は、セルモーターの大電流が細いエンジンハーネスに流れ高熱になり、線が発火した例もある。

アース線両端の圧着端子を改良した対策品に変更されたが、根本的な解決には至っていない。圧着部にハンダを流し込み固めてしまうのが確実である。

612と599でもバッテリー配線トラブルは多く、マイナス端子とボディーアース間で接触不良を起こし焼けてしまう例があった。

バッテリー劣化時の誤作動

エンジンのクランキング中は、セルモーターへの大電流で、バッテリーは正常でも10V台まで電圧降下を起こす。

バッテリーが劣化するとさらに電圧は低くなり、360以降のモデルは各部を制御するコンピューターの電源が入らず、エンジン、ASR、ABS等の警告灯が点灯しやすい。

そのうちASRやABSの警告灯は、エンジンが始動し電圧が確保されれば消灯するが、エンジン警告灯は消去にテスターが必要なモデルが多く、点灯すると厄介である。

これらの警告灯がクランキング時に点灯するようなら、バッテリー交換時期である。

488以降の、キーシリンダーが無くなったモデルでは、バッテリー電圧が規定以下になると、回路保護のためかイグニッションがONにすらならない。それもあって、よりバッテリーが上がりやすい印象となっている。

キルスイッチについて

F430の前期型以前に装着されているバッテリーをカットオフするスイッチ（以下キルスイッチ）は、長期保管でもバッテリー上がりを防止する有用な装備だ。ただ、OFFにしても全ての電源がカットされる訳でなく、セキュリティーユニット装着車では、それに電源を供給し続けるため、100％消耗を防ぐわけではない。そのため、長期保管の際は、定期的な充電などバッテリーのメンテナンスは必要である。

また、キルスイッチをOFFにすることで、エンジンの警告点灯、電装系やセミオートマシステムのトラブルをリセットすることはできない。もしその操作で復活したとすれば、熱依存で起こるトラブルであり、例えば、熱くなるとセンサーの出力が低下する、F1ポンプの回転が遅くなるなどが、バッテリーをOFFにしている間に冷えたことで一時的に回復したに過ぎないので、根本的な解決をしたことにはならない。改めて故障診断を行うべきである。

シーテックについて

F430の後期型以降は、従来のキルスイッチとは異なっている。F430はトルクス（6つの角が出た星型のネジの規格）でスイッチを回すことができ、FRモデルや458以降では、バッテリーのマイナス端子がワンタッチで外せる構造になってはいるが、専用工具が必要、バッテリーを覆うカバーの分解を伴うなど、従来のスイッチのように簡単ではない。これらのことから最近のモデルは、バッテリーを遮断することを以前ほど奨励していないように見受けられる。

その代わり、シーテックという弱い充放電を行う品が車載品として装備され、専用のコネクターが設けられるようになった。

前提はコンセント付きのガレージであるが、保管状況は様々なので、コンセントがない環境でバッテリー上がりを起こし、出張作業でバッテリー交換する例が増えている。カリフォルニア、458、F12以降のモデルで多い。

これらのモデルは、シーテックを繋がずにエンジンを再始動できる期間は、せいぜい数週間なので、ガレージにコンセントがない環境では、それより前にエンジンを始動し、オルタネーターからバッテリーを充電する手間が必要である。

また、シーテックを使える環境でも、常時接続でなく、1～2週間経ち放電した頃合いを見計らって繋ぎ、充電されたら外しておいた方がバッテリーに負担が掛からない。

もちろん、これはキルスイッチ付きの車両でも有用なアイテムだ。バッテリー電源が来ている箇所にソケットを付けるだけで使用可能になるので、以前のモデルでも接続できるようにした方がよい。

だが、シーテック自体が壊れて充電しなくなるケースも多いため、繋いでおけば大丈夫だろうという過信は禁物だ。

オルタネーター

続いて、自動車の電装で中核になるオルタネーターの話をしてみたい。

フェラーリの場合、1960年代以前はダイナモ（直流発電機）で、それ以降はオルタネーター（交流発電機）になる。現在ダイナモは馴染みが薄いので解説は省略する。

キャブレターの時代は、消費電力が少ないのでオルタネーターは低出力でよく、現在より熱の影響も少ないので、それほどトラブルは起こらなかった。

K-ジェトロの12気筒からエンジンの消費電力は一気に上がったが、当時はそれにオルタネーターの出力が追従できず、412や512BBiは苦肉の策でオルタネーターを2個搭載していた。

その頃から、増大し続ける消費電力をオルタネーターで賄いきれない状況はしばらく続き、同時に、エンジン出力の増加に伴い、熱の影響も大きく受けるようになった。特にV型エンジンでは、エキゾーストマニホールド付近にレイアウトされるため深刻である。これらの事柄が複合して原因となり、一時期オルタネーターの寿命は短かったが、現在は対応が進みトラブルは起こりにくくなった。これが大まかな流れである。

オルタネーターのメーカーは、1990年以前がBOSCH、1990年前後の短い期間はDELCO、その後はデンソーである。

以下、モデル別に解説する。

348以前は、エンジンがアイドリング回転で、ライトを点灯しラジエーター・ファンが回転している条件では、オルタネーターの出力で電力を賄えず、不足分をバッテリーから補うので、夜の渋滞ばかり走行するとバッテリーが放電する。

そんな、常に最大出力を余儀なくされる上に、熱の影響も多く受ける348の初期型では、極端に寿命が短かった。対策として、当初の90Aから段階的に出力が上げられ、最終的に1.5倍近くの130Aになり、さらに追加で冷却ダクトが装着されてからはトラブルが減少した[Fig.4-4]。

F355～360では出力は足りているが、オルタネーター内部の半導体部品が熱の影響で壊れやすい。修理の際は、根本になる熱の影響を取り除かないと、すぐに再発するのが特徴である。エキゾーストマニホールドが社外品の場合は遮熱対策が必要になる。

348～360は、オルタネーターの出力端子が焼けることも多い。オルタネーター出力端子の締め付け不足や、振動により配線側の圧着端子が緩み、それが電気抵抗となり発熱することが原因である。ここも配線の端子にハンダを流し込み固めてしまえば、後のトラブルを防げる[Fig.4-5]。

F430以降のV8は、容量が150Aにアップされた上、熱の影響を受けにくいVバンク間に搭載位置が変更されたため、排気熱の影響を受けなくなった。その効果は大きく、F430以降でオルタネーターの交換例が弊社ではない。ただ、もし壊れた時は、脱着の工数がかかるため、修理代は高くなることが予想される。

2 その他電装部品

セルモーター

フェラーリに採用される各電装品の解説に移りたい。電装品といっても車の場合は、機械を電気によりコントロールする機構が大半のため、他章と厳密に内容を分けるのは難しい。ここでは、他章で機械的な話を補足できる場合は電気的な内容に限り、そうでない場合は機械的なことも含め解説していきたい。

まずは、セルモーターについて。基本的な部品が続くが、しばらくお付き合い願いたい。上記のオルタネーター同様、1990年初頭を境に、それまではBOSCH製、以降はデンソー製が使われ、2000年代後半から登場したモデルは、再びBOSCH

に変更された。

348、F355、テスタロッサ等 1990 年代以前のモデルは、モーターの取り付け位置がよくないことや、回路自体の耐久性の低さが根本的な原因となり、セルモーターが回らなくなるトラブルは多い。

症状は、温間時のエンジン始動で、セルモーターから 1 回「カチン」と音がするだけで、回り出さないことから始まる。エンジンが冷えると普通に始動可能になるが、症状が進むにつれ回らない頻度が高くなる。

348 と F355 はマフラー近くにレイアウトされるため、熱の影響を多く受けることが原因のひとつである。特に F355 は触媒やマフラーのパイプに囲まれ、見るからに過酷な環境だ。いくら耐久性が売りの日本製品でも、高熱の場所に取り付けられると、本来の寿命を全うできない。

テスタロッサ系の場合は、エンジン真上にレイアウトされるので排気の熱は影響しないが、セルモーターの電源ラインが車両の前から後ろまでと長いので、経年により抵抗が増えやすく電圧降下が大きい。

それに加えて当時のフェラーリは、電圧降下を防止する目的のスターターリレーが存在せず、イグニッションスイッチから直接、セルモーターを作動させるコイルまで長い配線が繋がる。そのため、同様に経年での電圧降下が激しい。

これらの車種は、上記の理由が複合しトラブルの原因となる。イグニッションスイッチの配線が原因の場合、セルモーター本体は触らなくても、スターターリレーを回路に追加するだけで改善することが多い。

2000 年代の 360 以降で(やっと)スターターリレーが装着され、マフラーから離れた取り付け位置にもなった。その効果は大きく、以前ほどのトラブルは起こらない。

進むコンピューター化

キャブレター時代の電装品は、上記の他にポイントやコイルの点火系と、燃料ポンプを追加すれば走行可能だ。あとはメーターを動かし灯火類を作動させる程度で、とてもシンプルな構成である。ちなみに、当時のモデルは 1 台分すべての配線図が A4 の紙 1 枚に収まるくらいで、なかにはオーナーズハンドブックに配線の全体

図が載るモデルもあった。

その後、新しいモデルが登場するたびに、それまでレバーやケーブルで機械的に動かしていた箇所は電気的な制御に置き換わっていき、エンジンには燃料噴射や点火を緻密に制御するためセンサーが追加されていった。

他にも、エアバッグなどの安全装置、車の動きを安定させるABSやASRの制御が加わり、それぞれをコントロールするためのセンサーやコンピューターなど、部品点数は加速度的に増加していった。

現在では、ルームランプ等も含めた操作系のスイッチすべてがコンピューター管理されるまでになり、コンピューター同士はCAN（controller area network）で繋がれデータを共有する。

そのメリットは、センサーの総数を減らせることである。具体例を挙げれば、F1システムの場合、固有のセンサーは、ミッションの回転数検知、システム油圧の測定、あと各油圧シリンダーのストロークを測定するセンサー程度で、制御に必要な大半の情報は、エンジンのコンピューターから得ている。

しかし、情報共有による欠点もある。

センサーは多くのコンピューター制御に関わるので、ひとつセンサーが壊れただけでも多くの機能が停止する。たとえば、360以降で車速センサーが壊れて出力しなくなると、ABS、ギアボックス、サスペンションの可変ダンパー等、複数の制御が停止し、それらの警告が一度に点灯する。さらに458以降では、重要な箇所の故障が起こると60km/hのスピードリミッターまで作動する。

ここまで多くのコントロールユニットが連携して車両全体の制御を行うようになると、全般的に故障は減る反面、故障した時には診断の難易度が高くなるデメリットも存在する。

たった1本の配線の接触不良で、警告の点灯や、場合によってはエンストを起こした例もあり、その場合は配線の不具合を想定していないテスター診断は役に立たない。配線図を片手にサーキットテスターで導通をチェックしていくレトロな方法になり、突き止めるために何日も費やしてしまう（＝修理代が嵩む）など、確率は低いが個体によって大きな「外れ」を引いてしまう可能性がある。

ボディーコンピューター

電装品が全てコンピューター化された象徴のような部品が、458 や 612 以降の各モデルに装着されるボディーコンピューターだ[Fig. 4-6]。これは、走行自体に必要でない電装品、例えば灯火類、内装のランプ類などを一括してコントロールし、それらのヒューズボードも兼ねた合理的な造りをしている。対象のスイッチ操作をしなくても、例えばテスター上で操作してライトのテストが可能という、故障診断においても原因の絞り込みがしやすい工夫もされている。反面、稀に起こるコンピューター自体が壊れることに対しては、それを想定していないので、却って故障診断が厄介になるデメリットもある。

用品取り付けの際の注意点

マフラーの切り替えバルブを、リモコンやリレーなどの回路を追加して、手動で切り替え可能に改造することが、最近では一般的になっている。その追加回路を取り付ける際、電源の取り方には注意が必要だ。現代の制御は、イグニッションを OFF にした瞬間にすべての電源が落ちる訳でなく、エンジンやボディーコンピューターなど、イグニッション OFF の後、一定の条件を満たすと電源が落ちる設定となっており、実際にバッテリーに電流計を繋いで測定すると、エンジン停止直後は数百 mA の電流が、複数のコントロールユニットが、それぞれの条件を満たし OFF になることで、段階的に少なくなる。

モデルでいうと F430 や 458 が要注意で、エンジンのコントロールユニットに由来する場所から電源を取ってしまうと、たとえイグニッションスイッチを OFF にしていても、エンジンの電源が切れたと認識しないため、リモコンでドアロックしようとしても反応しない、常時数百 mA の電流が流れたままになり、バッテリーの消耗が早くなるなどの不具合が生じる。

増える快適装備

12 気筒は 1980 年代から、V8 も 2000 年代以降は、いわゆる快適装備に当たる電装品が増えた。当然、部品点数は増えるので重くなり、スパルタンなイメージの

フェラーリに似つかわしくないのではないかと、当初は思っていた。

特にパワーシートは、シート骨格を鉄で頑丈に作り、人が乗っても動かせる強力なモーターを4つ内蔵した構造なので、オプションで設定されているレーシングシートと比べ、1脚当たり数十kgの重量増になる。

だが、昨今のスーパーカーは、いかに速さと快適さを兼ね備えるかの競争となり、フェラーリといえど例外でなくなった。エンツォ存命時代の頑なさとは対照的な、時流による方針の転換を感じる。

反対に、スパルタンさを演出するため、頑なに電装品を使わない箇所があった。それはスペチアーレのドア窓で、F40～Enzoは昔ながらの手回しハンドルで窓の開閉を行う[Fig. 4-7]。

La Ferrariでも同様を期待していたが、とうとうスペチアーレもパワーウインドウの時代になった。

ここでは大まかな流れに留め、個別のシステム解説は後の項に改めたい。

さらに、最近では走行には直接関係ない、演出としての電装品も登場している。

その代表は、ドアを開けた時にフェラーリロゴを路面に映すライトで、BMWなど他メーカーでも採用されている。

最初に見た時は驚き、まさに零章で述べた通りの分かりやすく粋な演出であるが、余計な物を削ぎ落したスパルタンさと、デザインのエレガントさを両立させることを良しとする、私がイメージするところの創業者エンツォが、仮にこれを見たとすれば、果たして何とコメントするか非常に気になるところではある[Fig. 4-8]。

ヒューズボード（1980年代～F355）

1980年代まではヒューズボードの耐久性が低い。コネクター端子の接触不良により抵抗を持ち、継続的に大きな電流の箇所、たとえばフュエルポンプやラジエーター・ファンへ繋がる端子が熱を持ち、焼けてしまうことも多い。

どちらも焼けるとオーバーヒートやエンジン停止など、走行を続けられない状況になるので、定期的な点検が必要である[Fig. 4-9–10]。

これは1980年代以前特有のトラブルと思っていたが、最近ではF355で同様の例が増えてきた。上記同様、燃料ポンプリレーが装着される基盤が焼けてしまい、走行中に突然エンジンが停止する。燃料ポンプ不良と症状が似ているため故障診断は難しい。

エアコンの歴史

エアコンは電装と機械が複合したシステムだが、この章で機械的な事柄も含め解説してみたい。

フェラーリは1960年代後半からクーラーがオプション設定される。標準で装着されるのは、1970年代前半の308や365BBからである。

採用された時期は早かったが、かなり後のモデルまでヒーターとクーラーは統合されず、進化のスピードは遅かった。設定した温度に自動でコントロールするオートエアコンになるのは、12気筒は1980年代半ばのテスタロッサ、V8はなんと1990年代の348以降である。当時の12気筒は温度調節が大雑把で、熱い風と冷たい風が交互に出るような、使いこなすにはコツが必要な代物であったが、やっと456以降から自然な温度コントロールが可能になる。

使用するクーラーガスは1990年代半ばが境となり、それ以前はR12a、以降はR134aである。モデルでいうと、348と512TRまでがR12aとなる。

以前のクーラーには、リキッドタンクという部品に小窓が付き、そこを通過する液化ガスに含まれた気泡でガス量を判断していた。その小窓は360以降で廃止され、ガス量を視認できなくなった。なくても気温とガス圧の相関で量は判断可能だが、慣れが必要である。

高額なエアコン修理

フェラーリのエアコン修理は、なぜ高額なイメージが定着したか。それは、経年劣化によるガス漏れに対処するには、大掛かりな作業になる例が多いことと、高額部品の存在である。以下、具体例を挙げ解説してみたい。

手間が掛かるケース（20年以上前の旧車）

……………………………………………おおむね20年以上経過したモデルは経年劣化により、コンプレッサー本体や、各部品を繋ぐホースのジョイント部分、

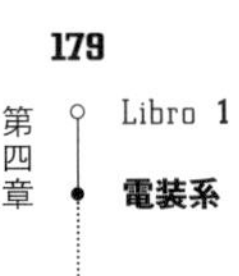

熱交換機のエバポレーターなど、それぞれから微量のクーラーガス漏れを起こすため、いちばんガス漏れが多い部品だけを交換しても、漏れのペースが落ちるだけで解決にならない例が多い。

その時は、多数の部品交換を要するが、エアコンを構成する部品は、他メーカーでもそうであるが、故障しても走行自体には影響がないため、ボディー内の限られたスペースを取り合う優先度は低く、後の交換を想定せずにレイアウトされがちである。

たとえば、エバポレーターはダッシュボードのもっとも奥にあり、ホースはサイドシルのボディーパネルとフレーム間の隙間に通してあるモデルも多い。そのため、これらの部品を交換するにはダッシュボードや燃料タンクを外すなど、大掛かりな作業になるため、工賃は嵩みがちである。

単品の部品交換で作業時間が掛かる代表例は、テスタロッサのエキスパンションバルブ（液化したフロンを気化させる部品）である。バルブ内部の通路は直径3mm程度まで絞られるため、そこへ配管内部に発生した錆や、リキッドタンクに封入されている乾燥材の粉が溜まり、詰まりを起こしやすい［Fig.4-11］。

詰まりの判断は容易で、ゲージを用いてガス圧を測定すると、コンプレッサー入り口にガスが戻らないため負圧を表示する。

修理するには、原因の根本はリキッドタンクの劣化なので、これとあわせてエキスパンションバルブを交換し、配管内部の掃除を行う。同年代のモデルで同様のことは起きやすいが、その整備性の悪さからテスタロッサを特筆した。

エアコンを構成するユニットは箱に収められ、ダッシュボード奥深くに取り付けられるため、バルブを交換するにはダッシュボードの脱着を要する［Fig.4-12］。

そのダッシュボードもボディーの項で触れた通り、手作業のFRPで作られた歪んだ造形の、外したら元の位置に収まるかも怪しい品である。FRPのガラス繊維が手に刺さり痒い思いをしながら、長時間室内にこもる作業を強いられるのである。

コンプレッサーが高額部品（全般）　…… コンプレッサーも高額部品である。純正の定価は、たとえばF355で現在60万円くらい、360やF430でも50万円くらいだ。

F355までのサンデン製コンプレッサーの信頼性は高かったが、360以降で採用されたDELPHI（デルフィ。Aptiv PLCに改称）社のコンプレッサーは信頼性が低く、トラブルの発生が多い。

圧縮したガスがコンプレッサー内部でリークするのが、定番の壊れ方である。そのリークしたガスはコンプレッサー入り口に戻るため、コンプレッサー内だけでガスが循環し、エバポレーターまでガスが流れず、冷えが悪くなる。

この場合、圧力ゲージを繋いで測定しても正常値を示すため、慣れていないと発見が困難である。しかも上記の通り高額のため、1個仕入れて試しに交換するにはリスクが高い。修理は、ノウハウを持つ工場に依頼した方がよい。

以上、高額部品の存在と、一度に交換する部品点数が多いこと、その交換に当たり、整備性が悪いことが複合し、エアコンの修理代は高額になりがちである。

1990年代モデルに特有のエアコントラブル

348～F355まで1990年代のV8モデルは、温度を自動調節する機構にトラブルが集中する。それも、設計段階で想定外だったことが原因となるケースが大半である。その他、真夏はラジエーター・ファンに起因して、圧縮したガスをうまく冷却できず、効きが悪くなるケースも多い。

以下、具体例を挙げて解説してみたい。

V8初のオートエアコンを搭載した348は、操作部裏の配線コネクターの接触不良や、パネルにエラーコードを表示して作動停止するトラブルが多かった。特に多いのは「E8」という表示で、コントロールユニットが直接駆動するヒーターポンプの電流過多である。これは、モーターの電流が経年で増加することを想定しない設計のため、すぐに安全装置が作動し、システムが停止するため起こる。

対策として回路にリレーを追加し、コントロールユニットでリレーだけ駆動するよう変更すれば、割と簡単に解決する。

348でクレーム件数が多かったのか、F355では、驚くべきことにその安全装置を取り払ってしまった(!)ので、出力電流が増えると、コントロールユニット内部のICが壊れ、そのICが駆動を担当するモーターは動かなくなる。元々電流が多めのヒーターポンプや、駆動抵抗が大きい風向きフラップ切り替えモーターの回路で起きやすい傾向だ。

根本的な原因は、経年によるモーターの電流増加なので、それを解決せず単にコントロールユニットを交換すると、また一瞬で壊れるため要注意である。

上記両車のコントロールユニットは、現在新品の入手が絶望的で、再生産を待つか、何とか修理するしかない状況だ。

360以降は起こらなくなったが、コントロールユニットの外観は同じなので、違いを検証するため360のコントロールユニットを分解観察した。360以降は、上記のICがブレーカー内蔵タイプに変更されていた。足掛け10年で、ようやく完成を見たようである。

F50では、エアコンのブロアモーター速度を可変するコントロールユニットが、出力電流が増加した時の回路保護を考慮していない。このユニットは、ブロアモーターを駆動するパワートランジスタのベース電流制御を担い、パワートランジスタが劣化し電流が増加すると、コントロールユニット終段の半導体が、電流オーバーで過熱損傷する。

根本的な原因は、モーターを駆動するパワートランジスタの内部ショートなので、そこを解決せずコントロールユニットだけ交換すると、即座に新品のユニットが壊れる。

新品がすでに壊れている等、悪名高く散々な言われようの部品であるが、そこまで調べずに部品交換する業者が多いだけの話である。

現在では、これらの根本的な原因と対処方法が分かってきたので、上記のような症状ならば、内部の部品交換で修理できるようになった。その辺りは後程まとめて紹介してみたい。

エアコンの部品は生産終了品が多くなる

F355以前は、エアコンに関連した電装部品の生産終了が増えており、入手の難易度が年々増している。

F355で入手困難な部品を挙げると、上記のコントロールユニットの他にも、風向きを切り替えるフラップを駆動するモーター、風量をコントロールするユニット、ヒーターバルブなどがあり、現在は、価格高騰した品をやむなく買うか、代替品を探して何とか使うか、部品自体を修理するという、いずれにしても修理するには手間やお金が掛かる状況になってしまった。ただ、一方的に状況が悪くなるばかりでもなく、有志の業者さんが部品製作販売や修理を行うケースも少しずつ増えてきたので、それに期待しつつ、私も修理のノウハウを蓄積することに励んでいきたいと思う。

360でエアコンのトラブルが増えた

最近は360でエアコンのトラブルが増えてきた。上記コンプレッサーの他にも、リキッドタンク内部の詰まりによりガスが流れなくなり冷えない、リキッドタンクの除湿剤が、エキスパンションバルブまで詰まらせてしまう例が多くなっている。F355に使われるサンデン製では、そのようなトラブルは希で、制御の電装系にトラブルが集中するのに対し、DELPHI製では冷媒系統に集中するのが対照的である。F430でも同様のシステムを採用しているため、今後同じようなトラブルが増えていくと予想される。

パワーウインドウ

フェラーリは1960年代からパワーウインドウ化されているが、歴史が長い割に現在でもトラブルは多い。ただ、体を挟んだ時の対策で、あえて弱く作られた箇所に規定以上の力が掛かると壊れる構造のため、あまり頑丈にできない制約があり、他メーカーも同様ではある。それを踏まえても、エンジン等機械の花形に比べ、ボディー関連には手が回らず品質基準が落ちるのは、昔も今も変わらないようである。

以下、車種別の構造やウィークポイントを解説してみたい。

1970年代〜1980年代末（横置きエンジンのV8 12気筒ミッドシップ）

……………………………………… この時期の車は、モーターでケーブルを引っ張り開閉させる構造が多い。工作精度が低くても製作できることや、軽量なことがメリットとして挙げられる。トラブルはモーター本体に集中し、ケーブルがモーターに絡まることや、モーター内部のギアが割れて作動不良になることが多い。ドアの内部に張り巡らされたケーブルの取り回しは複雑なので、脱着には慣れが必要だ。

348 F355……………………………… 両車は同一部品で、螺旋状のケーブルをギアで駆動する構造だ。モーター自体は丈夫だが、ドアへの取り付け部が振動の影響を受けやすく、ステーやマウントの破損例が多い[Fig. 4-13–14]。

ゴムマウントが切れるとドアのなかでモーターが遊ぶので、ドアを閉めた後に一瞬遅れて内部からドスンという音がする[Fig. 4-15]。

他には、ドア電装の集中カプラー部が接触不良になる、カプラー内部のピンが振動で折れる、配線の電圧降下が大きい等、周辺部の信頼性が低いのも、これらモデルの特徴である。

360 以降…………………………………… パワーウインドウはモーターでパンタグラフを動かし上下させる、一般的な構造になった。360 と F430 では、ガラスを固定するボルトの緩みが頻発し、窓を閉めてもボディーとの隙間が開く原因になる。ドア開閉回数が多い運転席側から起こり、ドアを開けてガラスを摑むとガタガタなので点検は容易だ。このボルトはガラスの建て付け調整も兼ねるので、位置の調整と同時に締め付けを行わないと、ボディーとの隙間が解消されない。

他に、ドア開閉時にガラスを少し下げてガラスとボディーの干渉を防止し、ドア開閉を容易にする機能にトラブルが多い。下がった位置を検出するマイクロスイッチ不良が原因で、ドアを開けてもガラスが下がらずボディーに引っ掛かる、ドアを開けるとガラスが全部下がる等の症状になる。これは、だいたいスイッチの調整や交換で解決する。

カリフォルニア ………………………… この車では、ガラスを最大に下げた時のストッパーが破損しやすい。ボルトにゴムを貼り付けた構造の部品だが、動いているガラスを受け止めるにしてはゴムが小さく、すぐにちぎれてしまう。ガラスを最大に下げた時、ガツンと金属同士が当たる音だったら要交換である。

612以降……………………………… 612初期型、カリフォルニア、458などは、スイッチが割れやすい。細かい電装系のスイッチは相変わらず造りが華奢なため、手をついたり指を引っかけただけで壊れてしまう場合があるので、注意が必要だ。モデルにより供給される部品が異なり、例えばパワーウインドを制御するコンピューターごとになる612では、かなり高額となる。

パワーシート　ドアミラー

パワーシートとリモコンで角度調整できるドアミラーは、1980年代から採用されている。

といってもパワーシートは、基本的に4人乗りラグジュアリー路線専用品という位置付けのようで、2シーターには現在も全車に装着されるわけではない。

ドアミラーをスイッチで折りたためるようになったのは意外と後で、612からである。

最初だからか612のミラースイッチは耐久性が低く、ミラーをたたむための、つまみを半回転する操作の際、折れてつまみが取れる事例が多い。

最近のフェラーリは、ドイツ車のようにロジカルな車造りへ変化している。それはたしかに頼もしい事だ。なにか生真面目な息苦しさも感じ始めていたが、こんな相変わらずの部分も存在する。

他は基本的に丈夫なのでトラブルは少ないが、ドアミラーは内部の機構に問題が出た場合、部品設定はミラー丸ごとなので高額になる。

458、612、カリフォルニアから始まり、以降のモデルでもオプション設定されるようになったシートヒーターは、他の電装品と比べてトラブルが多いように感じる。温度を調節するボリュームの不具合が多く、OFFにしていてもシートヒーター作動の表示がされ暖かくなる症状になる。

ABS

ABSとは、ブレーキロックした時に、自動でロックから回復させる装置である。ブレーキマスター以外にもブレーキフルードを加圧する装置を持ち、ソレノイドバルブ(電磁弁)で油圧ラインの断続や切り替えを行い、速くポンピングブレーキを行うのと同等の動作をする。

初めてフェラーリにABSが装着されたのは、1987年の328後期型からである。ただ、328ではオプションだったので(日本仕様のディーラー車では全車装着されていたが)、標準装備は348からだ。12気筒は少し遅れて512TRの最終型、1994年からになる。

V8の場合、328～F355の1997モデルまで、ATE(アーテ。ドイツのブレーキ専門メーカー)製の独特な方式を採用している。イグニッションをONにするとポンプが回り出し、加圧したブレーキフルードをアキュームレーターに蓄圧する。その間はブレーキ警告の点灯を伴い、規定圧に達するとポンプは止まり消灯し、これで正常にブレーキが利く状態になる。

加圧されたブレーキフルードはリアブレーキを作動させ、フロントは通常のマスターシリンダーで作動する。ペダルアシスト(ブースター)も加圧されたフルードで行われ、ブレーキタッチは人工的な反力を伴う。

ABS作動時は、配管途中の油圧をソレノイドバルブで断続的に遮断させながら、ブレーキペダルを押し戻す方向にも油圧を掛けることで、車輪のロックを防ぐ。

このシステムの注意点は、イグニッションスイッチOFFやエンジン始動直後など、アキュームレーターに蓄圧がない状態では、フロントはブースターが利かず、リアブレーキはまったく作動しないことだ。絶対に警告が消灯するまで走行してはいけない。これを知らないレッカー屋さんが、荷台から車を落とす例は多い。

このシステムの要となる、ポンプやアキュームレーターの耐久性は高く、25年以上前の328でも今まで交換した例は数えるほどだ。同様の役割をするF1システムのポンプより、明らかに高品質である。

リザーバータンクと一体で、マスターシリンダーやソレノイドバルブが内蔵されるユニットや、各輪に付く車速センサーは、警告灯点灯で交換することが稀にある。このリザーバータンクと一体のユニットは、壊れると結構高額である。最後に交換した時の部品価格は70万円くらいだった。

F355の最終型1998モデル以降は、BOSCH製のABSに変更された。これは、マスターシリンダーとバキュームブースターを組み合わせた一般的な構造である。12気筒はこのタイプが一貫して用いられる。油圧を発生させるモーターも装着されているが、回転するのはABS作動時だけなので、ブースターの役割は行わないことが、上記ATE製システムとの大きな違いである。

ブレーキタッチやABSの作動タイミングは、両システムで大きく異なる。BOSCHシステムのブレーキタッチは、ブースターが強力なので制動力の立ち上がりが早い。このシステムに替わった当初は、それまでのATEのフィーリングにすっかり慣れていたこともあり、柔らかいブレーキングが難しく戸惑った覚えがある。

ATE製は、ラフなブレーキングをすると驚くほど早くから作動するので、現在の車よりフロントタイヤの荷重を意識したブレーキングが必要になる。

BOSCH製ABSのウィークポイントは、360でコンピューター不良のトラブルが起きやすいところである。雨が入る場所で、しかもコネクターソケットが上向きで装着されるため、水がコンピューター内部に浸入しやすいことが原因である。

F430も同様の装着方法なので、経年で同じトラブルが起こるかもしれない。

ASR

ここではASR（Anti-Spin Regulator）の電気的なことに限り解説してみたい。

V8では360、12気筒は550から装着された機構で、アクセルONで駆動輪がスライドした時、自動でエンジンの出力を下げながらブレーキを掛け、スライドを止める装置である。ブレーキ制御は、初期は駆動輪のみだったが現在は4輪を行う。

上記ABSと一体のシステムなので、元はブレーキをロックさせないシステムの作動範囲を広げ、そこにタイヤの空転を止め、エンジン出力を制限する機能を追加したものと考えられる。CANのメリットで、複数のコントロールユニットが連携し制御を行えるため、部品点数は増加せずASRシステムが追加されている。

採用されてすぐのモデルほど、制御が洗練されておらず、動作に癖がある。その辺りはタイヤと密接な関連があるので、タイヤの項で紹介してみたい。

セキュリティーシステム

1996年を境に、それ以降のモデルは全車セキュリティーシステムが装着される。システムは、リモコン、受信機、コントロールユニット、ドア等の開閉や車両の傾きを検知するセンサー類で構成される。

リモコンでセキュリティーを解除し、イグニッションスイッチをONにすると、セキュリティーとエンジンのコントロールユニット間で通信を行い、エンジンへ始動許可の信号を送る。その過程でセキュリティーユニットは毎回、エンジンの燃調プログラムを演算しチェックしているのが面白い。そのため、燃調プログラムを書き換えると、セキュリティー側がエンジン始動許可を出さず、エンジンが始動しない。セキュリティー付きのモデルで、エンジンコンピューターの書き換えセッティングを謳う業者が少ないのは、そんな理由がある。

360以降はさらに、エンジンのコントロールユニットに固有のIDを割り振る(コーディング)ようになったので、他車から外したコントロールユニットでは、エンジンが始動しない。壊れた場合、いくらコントロールユニットが高くても中古品は使えないということだ。

360のセキュリティーは使い勝手が悪い。ロックしなくても一定時間経つとセキュリティーが作動する一方、セキュリティーを解除しなくてもセルモーターは回せてしまう。たとえば、鍵をかけずにちょっと立ち話をして、エンジンを掛けようとしたらセルだけキュルキュル回り、エンジンは始動しない。

そこで、「忘れてた。リモコン押さないと」という流れは、360乗りのお約束だ。

F430以降は、ドアロックリモコンに連動したセキュリティーと、エンジン始動のセキュリティー解除が別系統になった。キーをシリンダーに差し込むと、キー内部のチップと車両が交信し、エンジン始動OKの信号を出す。だから上記360のようにはならないが、エンジン始動前にリモコンでドアロックを解除しておかないと、始動後にサイレンが鳴り出すことになる。

リモコン電池切れ時、困難な手動解除

V8はF355～360、12気筒では456後期型～575Mまでの、リモコンですべて

のセキュリティーを解除する方式の欠点は、リモコンの電池が消耗するとエンジンを始動できなくなることだ。これらのリモコンに使われる、LRV08という型番の電池は、コンビニでは扱いの少ない単5サイズで12Vの品だ。特に外出先で電池切れを起こすと大変なので、予備電池の準備をお勧めしたい。

リモコンを使わなくても一応、キーシリンダーの操作でセキュリティーを解除する方法は存在するが、各々の車両に固有の4桁の数字が記載された解除コードが必要となる。その記載された数字の回数、イグニッションスイッチのON－OFFを繰り返すと、セキュリティーが解除されエンジンを始動できる。実際に行うと分かるが、かなり難易度は高いので、万一のため1度は試してみることをお勧めする。

サイレン・ユニット

V8はF355～360、12気筒は550～575Mまで、リモコンのコールバック音や警告音を鳴らす部品である、サイレン・ユニット(以下、サイレン)の寿命が短い。

F355と360で当初は別部品だったが、現在は360のタイプに統一されている。

セキュリティー動作時に、室内で点滅する赤いLEDは警告灯も兼ね、これがエンジン始動後も点灯したままならば、たいていの場合サイレンが壊れている。サイレン内部には、車両のバッテリーが消耗しても警報を鳴らし続けられるよう、充電式のバッテリーが内蔵されており、その劣化が原因である。

警告が点灯したままの状態で放置すると、バッテリーから液漏れを起こし基板をショートさせ、その箇所によっては、さまざまなトラブルを引き起こす。今までの例は、サイレンの警報が止まらなくなったことや、電源ラインがショートしてセキュリティーのヒューズが飛び、セキュリティーユニットの電源がONにならないため解除不能になり、エンジンが始動しない等である。このケースでは、上記のイグニッションスイッチ操作では解除できないため、応急で動かすにしても専門の知識が必要になる。

現在の部品代は7万円台で、交換してもまた何年かで電池が消耗し、再度交換が必要になる。

F355のタイプは分解が容易だったので、消耗した電池だけ割と簡単に交換できたが、360のタイプからはケースの切断が必要で、かなり分解は面倒になった[Fig.

4-16]。切断した際の防水処理が完全でないと、浸入した水により上記と同様のトラブルを引き起こすため、弊社ではユニットを分解修理せず部品交換で対処している。

ステアリングのスイッチ類

Enzo（2002）以降は、操作系のスイッチがステアリングに装着される。

操作系すべてがステアリングに集約されたF1のイメージを重ね、メカ好きには堪らない秀逸な演出である[Fig. 4-17]。

ステアリング内部には、これらのスイッチを統括するコンピューターが内蔵され、そこからスイッチの対象をコントロールするコンピューターに指令を送り作動させるので、配線は少なくシンプルである。車両全体がコンピューター制御化されたメリットで、これらのスイッチを増設できたということだ。

カタログモデルでは612（2004）から装着されるが、当初はレーシングカーの雰囲気ではなく、スパルタンなイメージになったのはF430（2004）以降だ。エンジンスタートボタンと、モード切替えのスイッチ（マネッティーノ）が付き、オプションでシフトランプも選ぶことができる。以降の599や、612のスポーツモデルであるOne to one、カリフォルニアも同様のステアリングである。

右側に位置するダイアル（マネッティーノ）を回すと、F1システムのシフトスピード、サスペンションの可変ダンパーやエンジンの特性など総合的に変化する。簡単にいうと、ダイアルを時計方向に回すほど、シフトスピードは速く、足は固く、マフラーの音は大きくなり、最終的にトラクションコントロールOFFも可能だ。

12気筒はステアリング裏にもスイッチがあり、メーターを操作できる。

このスイッチは接触不良になりやすいが、スイッチ単品の部品設定はないため、純正で交換しようとするとステアリング丸ごとになり、価格は30万円から、シフトインジケーター付きは70万円台と高額である。そのため弊社はスイッチを分解修理することで対処している。

458からさらに、ライトの切り替え、ウインカー、ワイパーもステアリングのスイッチで操作を行うようになったが、最初にこれと対面した時は、今までのレバーを左右方向に動かすという分かりやすい操作から、小さいスイッチを前後に操作する方法へと一転したため、かなり戸惑った覚えがある[Fig. 4-18]。

トランクのオートクロージング

1980年代の400系で一時採用されていたトランクのオートクロージング機構は、612からコンピューター制御で復活した。

トランクを軽く閉めると、モーターで引き込みロックさせる装置だが、結構トラブルが多い。バッテリー上がり等がきっかけで、オートで閉まらない、リモコンで開かない症状になり、テスターから1度作動させると、また動くようになる不可解な現象も起こる。

モーター不良の交換事例も多く、一気に電化したがゆえの手の回らなさを感じる部分である。

設計の煮詰めが甘い箇所

フェラーリの電装品は、エンジンやABSなど大手メーカー製で汎用性が高い品は信頼性も高いが、車種専用に設計生産された部品は経年劣化を考慮しきれず、耐久性テストが不完全なまま製品化された品が多い傾向なのは、エアコンの項でも述べた通りだが、他にも、F50以降のメーター、F40、F50、Enzoの車高を可変するリフティングシステムなどは耐久性が低く、いずれも各車種の専用品である。かつて、これらの製品はデジテック社が一手に引き受けていた。おそらく小ロットの専用設計品に対応して小回りが利き、フェラーリにとっては便利な会社だったのであろう。

反面、開発期間や予算が大手電装メーカーほど確保できないのか、その代償として、総じて品質が低い。回路や基盤レイアウトの煮詰め不足、耐久試験不足など、設計のプロでない私が見ても疑問に思う箇所が多く存在し、新品時の性能はメーカーの要求をクリアしていたとしても、後の耐久性やメンテナンス性が圧倒的に劣る。倒産したのも何となく頷ける会社であった。以下、その具体例を紹介してみたい。

メータートラブル……………………… F50と360以降のメーターは、すべての計器が組み込まれた一体構造で、液晶等の表示部も持つ。指針はステップモーターで動かし、通常の電球ではないバックライトを使う。

F50と360は、凝ったバックライトの構造ゆえに寿命が短く、メーターが真っ暗になるトラブルが多い。

360は、バックライトにEL（electro-luminescence）シートを用いてインバーターで点灯させる。EL自体の寿命は長くなく、インバーター回路のコイル断線例も多い[Fig. 4-19]。F50は、バックライト光源に蛍光管を用いる。家庭用の蛍光灯に寿命があるのと同様、いずれ点灯しなくなる宿命である。

ディーラーで修理を行うと、現品をイタリアに送るので期間は数ヵ月、費用はF50で300万円くらい、360でも50万円以上になり、金額と時間の両方を驚くほど費やすことになる。

612以降はマレリ社製になり、バックライトはLED化され大幅に寿命が延びた。カラー液晶がブラックアウトする等のトラブル例は多少あるが、マレリ製の設計の優秀なところは、後のメンテナンスを考え、消耗品である液晶部だけモジュール交換できることだ。

最近は軽度のトラブルならば弊社でメーターの修理も行えるようになったので、後の項でまとめて紹介してみたい。

リフティングシステム ………………… 低速走行時に段差で擦らないよう、スイッチひとつで車高を上げるシステムの歴史は意外と長く、1980年代のF40（当時はオプション）から装着され、F50以降のスペチアーレは標準装備となる。カタログモデルで装備されるようになったのは、458やFF以降である。

F40は油圧を動力とし、サスペンションのダンパーに加圧することで4輪を上下させる。これをコントロールするユニットのロジックに問題があり、長期保管でシステムの油圧が抜けると、安全装置が働き作動を止めてしまう。その時は、移動できないほど車高が低い状態で作動停止しているため、ガレージへの出張作業で強制的に車高を上げなければならない。

F50やEnzoはモーターを動力とし、機械的にフロントのみ車高を上下させる。両車ともサスペンションはプッシュロッド方式のため、ダンパーは水平マウントで左右対向してレイアウトされる。その、ボディー側の取り付け部をモーターで移動し車高を上下させるという、フェラーリならではの心憎い設計であるが、信頼性は高くない（これも含めてフェラーリらしい？）。壊れても F40 のように車高が低くならないのは救いである。

壊れたユニットを分解すると、たいていの場合モーターを駆動するトランジスタが過大電流により焼けているので、経年による作動部の抵抗増大を考慮していないのだろう。交換の場合、部品代が 100 万円台後半という恐ろしい金額になる［Fig. 4-20］。

FF 以降はダンパーに油圧を掛ける方式で、トラブルは少ない。

高温多湿に弱い部品

日本のような多湿な環境に弱い部品が電装品にも存在する。

根本的な原因は、防錆処理が不完全なため、錆び付きにより作動不良を起こすことである。フードやフュエルリッドを開くためのソレノイドバルブで起こる例が多い。F355 でフュエルリッドが開かない、360 以降でフロントフードが開かない等の症状になる。

スイッチで開く箇所には非常用のケーブルが存在するので、それを引くと開けられるが、稀にそのケーブルまで錆び付き動かない時もある。

現在では、可動部が錆び付かないようテフロンコーティングされた品が供給され、一度交換すれば再発する可能性は低い。

どうもフェラーリを造る側にとっては、日本の湿度は想定外のようである。上記トラブルが起こる時は、他の部品からも錆が発生している可能性が高いので、保管環境を再考した方がよいケースかもしれない。

診断テスター

かつてのフェラーリ屋は、車両から降ろされたエンジンが並び、いかにも機械屋然とした光景だったが、現在はフェラーリといえども信頼性の向上著しく、そこまでの機械的なメンテナンスは激減した。

それに代わり増えたのが、大幅にコンピューター制御化されたゆえの電装品トラブルであり、それらを診断するテスターなしには、基本整備すらままならない。

フェラーリの診断テスターは 1980 年代前半に登場したので、意外と歴史が長い

（とはいえ328やテスタロッサでは、エンジン回転と点火時期をデジタル表示する程度なので、当時でも汎用品で十分に代用可能であったが）。

そこから、IAWシステム、SD-1〜SD-3を経て、現在はDEISというシステムが使われる。以下、システムごとの特徴を写真と共に、簡単に解説しよう。

IAW……………………………………… デバイスに応じてカセットを付け替える。実質F40と348初期型の専用機［Fig. 4-21］。

SD-1 ……………………………………… 1990年代初頭から約10年使われたロングセラー。MS-DOSとフロッピーを用いるため、末期は保守に苦労した［Fig. 4-22］。

SD-2 ……………………………………… 以降はOBD（各自動車メーカーで故障コードを共有する）準拠。本体はドライカーボン製という、フェラーリらしいデザイン。SD-1も移植され動作するがバグが多い。2000〜2004年のモデルに対応［Fig. 4-23］。

SD-3 ……………………………………… 全面的に性能アップ。SD-1とSD-2も一応動作するが、機能は減りバグは相変わらず。2005〜2008年のモデルに対応。製造元が倒産したため、保守の難易度が高まる［Fig. 4-24］。

SD-X ……………………………………… SD-3の代替品。操作性が悪いことやバグも含め、忠実にコピーされている。

DEIS ……………………………………… 認証やアップデートがネット上で行われるため、ディーラー以外で導入は難しい。2009年以降のモデルに対応する。

私はDEIS以外のセットアップに携わってきたが、まともな説明書が存在しないため情報が極端に少なく、新機種が出るたびにトライアル＆エラーが多い。苦労してセットアップした後の操作も同様で、使いこなすまで練習が必要である。

特にSD-3は動作が不安定なため、テスター本体プログラムの再インストールが必要になる。他にも操作するパソコンはWindowsのXPまでしか対応していない等、保守にも手間がかかる。フェラーリに関わると、車だけでなくテスターを触るにも独特なスキルが必要である。

テスターが登場した当初は、エンジン警告の診断程度だったが、電装品が増えるに従い、テスターへの依存度は加速度的に増していき、最近ではアクセサリーのランプ1つまでテスターから操作しテストできるようになった。

診断だけでなくテスターを用いないと作業不能な事柄の代表例を挙げると、以下の通り。

- エンジンやエアバッグ警告を消灯させること：修理した後に、エラー消去の手順を踏まないと消灯しない
- 交換したセンサーの出力値を記憶させる、セットアップ作業：セットアップを行わないと正常に作動しない箇所も多い。F355SPのパワーシートから始まり、現在はFIシステムのクラッチ交換で使用頻度が高い。F430以降はアライメント調整の際、ステアリングアングルの設定を行わないと、可変ダンパーの警告が点灯する
- コーディング作業：612以降は、制御プログラムのアップデート、メンテナンスの管理（時期が来ると警告が点灯する）も行う

現在のメンテナンスにおいて、どれだけテスターが重要な役割を果たしているか、ご理解頂けただろうか。本章の冒頭に、制御技術が主役であると述べた所以である。

テスターでは出来ないこと

テスターは上記の通り不可欠であるが、決して万能ではない。

最近は、テスターの重要性が認知されたがゆえの誤解が多いので、テスターで出来ないことも解説してみたい。

テスターさえ使えば、その場で警告点灯の修理が可能と思われている方が多い。しかしテスターは、所詮診断ツールであり、原因特定までの時間短縮がその役割で

ある。診断後、部品交換等の作業を伴うのは、通常の修理と何ら変わらない。もしエラー消去のコマンド実行が、電装修理のすべてと思われているなら、それは勘違いである。

他には、機械的な事柄もテスターで修理可能か聞かれることもある。極端だが、「足回りからの異音をテスターで診て欲しい」という例があった。

魔法の箱のイメージを持たれる方が多いのかもしれないが、そうでないことは強調しておきたい。

フェラーリで有用な汎用テスター

現在ディーラーで使われているテスターは、ネット上で認証し動作するタイプのため、弊社のような工場で導入するのは難しい。そこで、フェラーリに対応した汎用テスターを幾つか導入し、試行錯誤を繰り返した。

その結果、製品により一長一短があるため、現在はTEXAとレオナルドの2機種をメインに使用している。これらの機種を簡単に解説すると、TEXAは操作性が良く、360やF430など現在メンテナンスの需要が多いモデルに対応している。反面、各メーカーを広く浅く網羅する方向性なので、アップデートが遅く新型にはなかなか対応しないというデメリットもある。

レオナルドは、スーパーカーに特化した内容なので新型への対応が早く、通常の汎用テスターではできないコーディング作業も一部可能など、ディーラー以外のテスターでは最高の機能を持つ。また、フェラーリに限らず、なかなか汎用の診断機が存在しないメーカー、例えばランボルギーニやマクラーレンにも対応可能というマニアックさだ。だが、バグは多く、パラメーターの書き換えができない等の不具合は多い[Fig. 4-25]。どちらのテスターでも、継続してアップデートを受けるにはライセンス契約が必要で、本体価格の他に、年間数十万円のコストを伴う。

3 オーディオと後付け機器

オーディオの方向性

これから、オーディオや最近では必須アイテムと言えるナビやETC等、後付けの電装品について解説してみたい。

かつてのフェラーリは、オーディオに無頓着であった。

V8モデルは348まで、デッキの取り付けスペースは確保されているが、純正オーディオの装着はなく、スピーカーだけ標準で取り付けられていた。

12気筒は例外的に純正装着されるモデルもあったが、基本的には1990年代半ばのF512Mまで、V8と同様であった。

さらに、F40、F50、Enzoなどスペチアーレは、スピーカーやデッキの装着スペースを設けない徹底ぶりである。パワーウインド同様、スポーツ性が高いモデルほど、敢えて装備から外す対象で、そこにはエンツォ・フェラーリ存命の時代から続く信念を感じる。

ようやくF355や456から標準でデッキが装着されるようになった。F355のデッキはソニー製でFERRARIロゴ入りだが、ロゴがない同等品は2万円台で販売されていた品である［Fig.4-26］。高ければよいわけでもないが、予算からも分かる通りオーディオの位置付けは低く、その傾向はF430まで続く。

フェラーリ純正デッキは、盗難防止対策を施した品の採用例が多い。

1990年代は、フロントパネル操作部を本体から取り外せるタイプが主流で、2000年代の360～F430では、常時電源の接続を外した時にパスワードを入力しないと起動しない。

FR12気筒は室内のデザインに合わせ、特殊なサイズのデッキを採用する例があり、純正から社外品へ交換する際に苦労する。特に456の初期型は、間口は1DIN（開口部の規格。180×50mm）だが奥行きの寸法が極端に短く、純正から交換するとたいてい10cmくらい飛び出し、不格好になる。599でもナビを装着すると、オーディオを隠すための蓋が閉まらなくなり、純正品以外の装着を考慮していないことが分かる。

360ストラダーレから、サブウーハーのオプション装着が可能になった。以降はフェラーリでもオーディオへのこだわりが始まり、快適装備全般を充実させる、高級車業界全体の流れに乗る。

その後、612や458で本格的になる。612のオーディオ取り付けスペースは2DINに拡大され、高級車のお約束と言えるBOSE製スピーカーシステムが採用された。そして最近ではJBL製の選択も可能である〔Fig. 4-27〕。かつては、敢えて頑なにオーディオを蔑ろにしていたフェラーリであったが、現在は他の高級車メーカー同様になっている。

458やF12以降は、ナビとオーディオの表示にメーターの液晶パネルを利用する。画面は小さく、ポータブルナビくらいのサイズだ。操作方法は最近のドイツ車と似て、ジョイスティックで行う。オーディオのスイッチをONにすると、それまでスピードメーターが表示されていた右側パネルはオーディオ操作画面に変化し、スピードメーターは左側に移動して表示される。スポーツカーなので油温や油圧など、車の情報を多く表示させながらも、状況により小さい画面を有効に使い分ける工夫と思われるが、オーディオのON／OFFでスピードメーターの位置が変わるのは、慣れるのが大変である。

以上、フェラーリ純正デッキのことを書いてみたが、たいていの場合日本製のナビに交換されているので、実は操作の経験が少なく、稀に純正が装着されていると珍しいと思うほどである。

だが今後は、ナビも車両全体を統合するシステムの一部になっていくため、社外品を装着すると他のディスプレー機能が使えなくなる等の不具合が発生する可能性が高まることや、装着スペースを確保しづらいフェラーリに最適だった、1DINサイズのナビが廃止されていることを考えると、不便でも純正以外の選択肢は減ると予想される。

バックモニター

フェラーリでバックするのはたいへん難しい。特にミッドシップモデルは、運転席からボディー後端までの距離が長く、後ろを振り返ったくらいでは、どこまで下がれるか見当が付かない上に、バンパーやマフラーが地面に近いため、それらが駐車場の車止めにタイヤよりも先に当たるおそれがあり、車止めに当たることを目安にできないからだ。

F1システム装着車では、ドアを開けて後を確認しようとすると、安全装置が働きギアがニュートラルになるため、さらに難易度が上がる。

F430や612以降は、オプションでパークセンサーは設定されるが、まだ充分な間隔でも警報が鳴るので、停めると枠一杯になる駐車場には適していない。

工場内の入れ替えを毎日のように行う私でも、誘導なしで後進しピッタリ止めるのは今でも難しい(360のリアチャレンジグリル付きやF40だけは、グリル越しに後ろがぼんやり見えるので多少楽であるが)。

だから、バックモニターの普及でもっとも恩恵を受けたのは、スーパーカーかもしれない。これこそフェラーリ乗りを大いに助ける文明の利器である。

他にも、FRモデルに装着するフロントモニターも有効である。

12気筒が収まっていることを強調する、長大なボンネットのデザインがFRモデルの伝統だ。そのため、運転席に座るとボンネット先端はまったく視認できず、前方の車両感覚を掴むのは難しい。以前のモデルは、狭いところではリトラクタブルライトを開けて前端を確認できたが、現在はリトラクタブルが廃止され、その手法は使えない。

2シーターではさらに、運転席の位置は車両の中心より後方であり、同じ全長の一般的な乗用車のリアシートから運転するイメージに近い。たとえば、塀に囲まれ見通しが悪い交差点では、車体の前半分を交差点内に突き出させないと、左右の目視確認ができないほどである。

だから、都会の住宅地など狭い道を走行する機会が多い時は、ノーズ先端から見える左右の景色を映し出すフロントモニターは、安全性を高めるので、お勧めである。

ナビやETCの取り付けスキルも重要

ナビやETCの取り付けに関してだが、思うところを述べてみたい。これら社外のアクセサリーに相当する品は、完成した車両を再度分解して装着される。

その際、各種配線を、どの車両ハーネスに接続するか、特に車速信号の取り出しには意外とノウハウが必要で、配線を引き回すため内装の分解箇所も多い。

また、取り付け位置や結線の方法一つで、後のメンテナンス性を損ねたり、電装トラブルの原因になったりするので、要注意である。
今までのトラブル例を挙げてみる。

- ヒューズボードの蓋にナビ本体が取り付けられていたので、ナビを外さなければヒューズの点検が出来なかった
- テスターを繋ぐソケットにETC本体を取り付けてあったので、ETCを取り外さないとテスターチェックが出来なかった
- 車速信号を得るために、テスターを繋ぐソケットの配線を加工してあったことが原因で、テスターと車両が交信出来なかった
- 360は室内からメンテナンスリッドを開けてエンジンのメンテナンスを行うが、ナビを外した後でないとメンテナンスリッドを開けられなかった

以上のように、後先考えない取り付けのため、後でメカニックが苦労するケースが多い。その余計な分解組み立てを行う分、作業時間も長くなるので工賃も通常より高くなり、オーナーさんにも負担がかかる。
メンテナンスと同様、用品の取り付けにもセンスと腕の差が存在する。だから取り付けの際は、後々の信頼性を考えると、目先の取り付け工賃よりも実績を優先した店選びをした方がよい。
フェラーリといえども、他の高級車メーカーに追随してオーディオや電動の快適装備を充実する流れを見ていると気になることがある。それは、もしエンツォ・フェラーリが存命ならば、どうコメントするかだ。私の想像では、「フェラーリの純正オーディオはエンジン音である」。

コントロールユニット修理の具体例

本章の最後に、弊社で行う各種コントロールユニットの修理事例を紹介してみたい。ディーラーでコントロールユニット交換の高額見積もりを出され、何とか修理できないかと相談を受け、よしやってみようと、チャレンジを続けた結果の積み重ねである。

ヒューズボード(1990年代のモデル) …… 焼けるトラブルが起きやすい1990年代のヒューズボードは、なかなかの高額部品で数十万円する。内部はプリント基板を多層にした構造なので、焼けた部分をカットしバイパスの配線を追加することで、外観は変わらず修理可能である[Fig. 4-28]。

エアコンコントロールユニット(F355)
…………………………………………… F355のエアコンコントロールユニットは、モーター駆動を担当するICが過大電流で壊れているケースが大半だ。その場合、同型ICを入手し交換すれば、現在は入手が絶望的な新品部品を探さずに済み、なおかつリーズナブルに修理可能である。ただ、このICは日本では一般的でない上、現在は生産されていない模様。海外から取り寄せ、常に数十個の在庫を心掛けているが、入手の難易度は年々上がっている[Fig. 4-29]。

ブロアモーターコントロールユニット(F50)
…………………………………………… 終段のFETと、内部の抵抗が焼けているケースが大半だ。抵抗の発熱で、他の部品を巻き添えにしていると厄介だが、今の所、すべて修理できている[Fig. 4-30–31]。

このユニットが壊れている場合、ブロアモーターの電流をコントロールするパワートランジスタが内部ショートしているので、同時に要交換である。このパワートランジスタも日本では馴染みがない品のため、日本製で規格が似た品を使っている。

もし上記の作業を、メーカーから供給される部品だけで行うと、エアコンユニットごと+ファンコントロールユニットとなり、工賃も合わせると合計70万円くらいになる。内部の修理を行えば、その1/10前後で収めることが可能だ。

F355で同様の役割をする部品が生産終了になってしまったので、これも修理を行うことにした。F50と同様、終段のトランジスタが過電流により破損していることが多いので、それを交換して対処している[Fig. 4-32]。

メーター照明（360）……………………… シート状の EL 不良や、明るさを可変している発振回路に使われているコイルの断線が多いので、それらの部品を交換して対処できる。ただ、コイルは市販品では見つからないので、ワンオフで製作している。それでも、イタリア送り価格の 1/3 ～ 1/4 で修理可能だ。

メーター照明（F50）……………………… 内部の蛍光灯は入手可能なので、球切れの場合は交換できる。

また、メーターパネルと基板を繋ぐゴム状の部品は、配線と防振両方の役割を担う。経年でゴムが縮み固くなると導通不良を起こしやすいので、同時に交換した方がよい。欠点は最低ロットが多いため材料費が嵩むことだが、それでもイタリア送りの 1/10 程度の価格で済む。

メーター液晶パネル（612 以降）………… 612 以降の液晶パネルは割と簡単に部品入手でき、それほど交換も難しくないので、パネル自体が原因のトラブルであれば、弊社で修理可能である［Fig. 4-33］。

セキュリティーリモコンのスペア作成

……………………………………………… F355 後期型、456GT 後期型、マラネロ、360 は、セキュリティーを操作するリモコンがキーと別体なため、本来は 3 つ付属していたものが 1 つしかないなど、中古車においては不足しているケースが多い。

これは BOSCH 製の汎用品を使用しているので、それを用いればリモコンのスペアを作成するのは可能だ［Fig. 4-34］。

コーディングを行うために、リモコンの他、セキュリティーユニットも外して発送しなければならないが、その手間を考えてもリーズナブルなのでおすすめだ。

まとめ

現在のフェラーリは、特にコンピューターの進化が著しく、追加や改良されている事柄が膨大だったと、この章を書きながらあらためて実感した。

日々少しずつ積み重ねていると、こういった機会でもないと気が付かないものだ。

もう少し専門的な解説を増やしたいところだったが、はてしなくなってしまうため、表面的ではあるが基本的な事柄を解説するに留め、以上で電装関係の話は終了としたい。

Il Capitolo
Cinque

第
五
章

足回り

Sospensione E Sistema Di Freno

Il Capitolo Cinque

Sospensione E Sistema Di Freno

はじめに

この章では、サスペンションとブレーキの移り変わりや、タイヤについて解説してみたい。

デザインやラゲッジスペース確保のため、サスペンションの性能が後回しにされていた歴史や、ハイパワーゆえに普通の乗用車とは違ったタイヤの管理基準を要する等、フェラーリ特有の事柄を伝えられるよう構成してみたい。

まずは基本中の基本、タイヤからはじめよう。

1 タイヤとホイール

重要なタイヤの鮮度

タイヤの話を進める上での前提として、次の2点が重要である。

- タイヤのゴムは経年により硬化が進み、グリップは低下していく
- 車両開発の際、タイヤは新品の前提でセッティングするため、タイヤが固くなりグリップが落ちた時の挙動は、開発時の想定外である

360や550以前の、トラクションコントロール採用前の時代は、新品タイヤでドライ路面の時に、ホイールスピンせず全開加速できるよう、タイヤの銘柄やサイズ、空気圧を決定したと思われる。

試しに、各モデルのパワーを駆動両輪幅の合計で割った値(タイヤ幅1cm当たりに、どれだけパワーが掛かるか)を比較したところ、360以前はスペチアーレでもながらく1cmあたり8PS以下に抑えてあり、その値がトラクションコントロールの補助なしで扱える限界として設計されていたことが分かる。

だが、その値はタイヤの劣化を想定していない。

普通の乗用車では気付かない程度の劣化でも、ハイパワーのフェラーリは、旋回中のアクセルONで駆動輪がスライドしやすくなり、劣化が進むほどスライドスピードが速くなる。特にF40は、タイヤが固くなると直進3速でもホイールスピンが止まらない。また、前後タイヤサイズが違うため、劣化すると前後のグリップバランスが変化し、コーナリング中に予想外の挙動にもなる。

その後、360や550からトラクションコントロールが装着され、以降は、それがホイールスピンを抑え安全を担保する前提でハイパワー化された。現在では上記のパワー/タイヤ幅の値は11PSを超え、このことからも電子制御が進化したおかげで、ハイパワーを実現できたことが分かる。

だが、当初のトラクションコントロールは制御が粗く、特に550やF575Mはタイヤが劣化しリアのスライドが速くなると、制御が追従できないという致命的な欠点を持つ。

具体的な挙動は次のようになる。

スライドを始めた時点ではトラクションコントロールが反応せず、その後、スライド量が大きくなってからエンジン出力を急激に絞る介入を行うため、アクセルコントロールが不可能になる。その間はアクセルオンで車の姿勢を立て直すことができず、ステアリングを中立に戻しながらアクセルをパーシャルに維持し、スライドが収まるまで耐えるしかなく、恐怖である。

それ以降のトラクションコントロールは進化が目覚ましく、現在はエンジン出力制御、ブレーキ制御に加え、デフのロック率制御を同時に行い、スライドを止める。

作動時の介入は自然で、たとえばドイツ車のようなスライドを完全に抑え込むような制御とは違い、フェラーリらしく運転の楽しさも含めてセッティングされ、スライドは短時間許容する方向である。

そのため、タイヤが硬化するほど、制御開始前にスライドする量、スピードともに増加する。そうなると車の制御任せにはできず、カウンターステア等ドライバーの対処でスライドを止める操作が必要になる。

F430以降のよく躾(しつ)けられたミッドシップでも、タイヤが硬化すると普段は隠している牙を剥くのだ。

ゆえに、タイヤの鮮度は重要であり、交換基準は距離ではなく時間で管理すべきだ。タイヤメーカーにより経年の特性は変わるので、次の項で詳しく解説してみたい。

タイヤ銘柄による違い

現在フェラーリ純正に指定されるタイヤメーカーは、ピレリ、ブリヂストン、ミシュランの3社である。1車種につき、これら3社の製品がそれぞれ純正指定されるが、いずれも個性が強く、メーカー間でタイヤの特性は大幅に異なる。

以下メーカー別の特徴を解説するが、感覚的な話になるので、私の主観が多いことは踏まえて頂きたい。また、1970年代以前については詳しくないので、1980年代以降に限定した解説とする。

ピレリ……………………………………… F40（1987）のために開発したと謳い、鳴り物入りで登場したP-ZEROシリーズは、以降の各モデルで純正指定される。
初代P-ZEROは、F40のパワーをホイールスピンさせることなく受けとめるグリップと、リアタイヤ幅が335mmという異次元のサイズが衝撃的であった。
だが、その後はROSSOやNEROなど、同じ路線で派生的な製品展開を長く続けたせいか、相対的に他メーカーの性能が向上するたび、凡庸なイメージを増していった。2000年を過ぎP-ZERO CORSAの登場から、当たりは固めだがハイ・グリップという現代のタイヤに進化し、また盛り返してきた印象だ。
グリップ、剛性感ともにそこそこで、癖がない代わりに摑みどころもないというのが、私がピレリタイヤ全般に持つ印象である。
経年劣化は、3社中でもっとも早い。新品から2年くらいで硬化が始まり、明らかにグリップは低下する。7～8年経つと、まるでプラスチックのように硬化する。
その状態では、グリップはウエット路面と勘違いするほどまでに低下している。ちなみに、私が今まで唐突に滑って怖い思いをした時は、すべてピレリのタイヤであった。
以上の特徴から、走行距離が少なく保管時間が長い場合は不向きな銘柄である。

ブリヂストン…………………………… ブリヂストンは、1989年登場の348から純正指定になった。当時の指定はPOTENZA RE71だったので、時代を感じる。
ブリヂストンのタイヤは全般的にケースが固くて重く、そこに柔らかいゴムのトレッドを貼りつけグリップを稼ぐ印象だ。だからタイヤケースは変形せず、トレッドのブロックだけ動く感じがする。
初期のグリップは、他の2社と比較すると高い。ただ、グリップが落ちない時期はピレリの次に短いため、走行距離が伸びる人向けである。
F355（1994）で採用されたエクスペディアS-01は、剛性感とグリップの高さが印象に残るタイヤで、当時の世界水準を超えた傑作であったが、360ストラダーレやEnzoで指定されたRE050は、トレッドのブロックが細かいため変形が大きく、高剛性のケースと相性が悪いため、ユラユラした独特の動きが出るデメリットを持ち、退化した印象を受けた。

最近では、カタログに掲載されないS-007という銘柄が指定された。このタイヤはモデル専用品のため、年間せいぜい数千台分しか需要が見込めないにもかかわらず開発する意気込みは相当なものだ。仕上がりはブリヂストンの美点を凝縮した印象で、まるでレールに乗ったかのように、正確にラインをトレースすることに感動した。

ブリヂストンは、3～5年程度での交換が前提で、初期のグリップを重視する方には、お勧めである。

ミシュラン……………………………… フェラーリ指定の歴史がもっとも長いメーカーは、意外にもピレリではなくミシュランである。ミシュランは全般的にタイヤのケースが適度に撓(たわ)み、ケースとトレッドの両方でグリップを生み出す印象だ。

特筆できるのは、トラクション方向の許容量が高いことで、高い駆動力が掛かるとタイヤ全体が適度に変形し、路面を摑むように捉えるのが頼もしい。

トレッドの材質だけに頼らずグリップを確保できるようで、そのため経年も考慮したコンパウンドの選定が出来るのか、硬化するペースは3社中でもっとも遅く、グリップの低下は緩やかである。

現在はフェラーリに用いる太いサイズでも選択可能な銘柄は増加したが、それぞれキャラクターが大きく異なる割にはネーミングが似通っているので、注意が必要だ。例えば、パイロットスポーツ3の後継はパイロットスーパースポーツとなり、正統な後継に思えるネーミングのパイロットスポーツ4は、コンフォート寄りにキャラクターを変えた印象となるのだが、4Sになるとスポーツ性を増していて、選択の際ややこしい印象を受けてしまう。

上記のように、現在ではレベルが高いイメージだが、時折変な製品を作る会社でもある。なかでも、1980年代前半の308、512BB、412、テスタロッサ等に指定されたTRXは、内径がミリサイズ（！）という前代未聞な上、トレッド全面に隙間なくVの字を配置したパターンで、見た目も驚くタイヤであっ

た[Fig. 5-1]。

主流であるインチサイズとはまったく互換性がないため、ホイールはこのタイヤ専用品である。これ以外のタイヤに交換するには、ホイールもすべて交換が必要になる代物で、このタイヤが装着されているオーナーさんの悩みの種だが、現在も生産しており入手可能なのが救いである。

たまに突拍子もないことをするが、基本とても頼りになるメーカーである。特に、旧車のサイズを現在も生産し続けていることは尊敬に値する。

308や512BB以前の、14〜15インチで70扁平のタイヤはXWXの独擅場である。在庫切れの時は、オーダーが溜まってから生産するため時間を要する場合もあるが、入手できなかったことはない。

純正指定の3社が製造するタイヤの特徴は以上である。

オーナーさんそれぞれのスタイルに合わせた選択をしていただく参考になれば幸いだ。

引き続き、タイヤとホイールについてフェラーリ独特な事柄を選び解説してみたい。

タイヤプレッシャーモニター

昨今ではタイヤの扁平化が進み、現在のフェラーリは扁平率35%前後が標準である。これは大径のカーボンローターを収めるため、ホイール径も20インチ前後に大径化された結果であるが、タイヤ内部のエアボリュームが少ないため、空気が少し抜けただけでも内圧は大きく低下するというデメリットを持つ。

そんなシビアな管理を要するタイヤの内圧を、いちいちエアゲージを使わず、走行中でも画面に表示できる機能は、特に高速走行中の安心感を得られ、とても有用な機能であるのだが、フェラーリのシステムは信頼性が低く、悩みの種ともなっている。

Enzoで採用され、その後F430や612からオプションで装着可能になった、タイヤプレッシャー値を画面上に表示するシステムは、作動が不安定で警告が点灯しやすく、メンテナンスも煩雑である。

多いのは、記憶している空気圧の値が長期保管中に消えてしまうこと。それを再設定するには、キャリブレーション（較正：入出力を測定して補正をおこなうこと）が必要になるが、これらのモデルではボタンを押した後に、20分程度走行し学習させる必要がある。

458やF12以降のモデルでは、この手順は簡略化され、キャリブレーションに要する時間が短縮された。

また、ホイールに内蔵される空気圧センサーは、内蔵の電池を電源とし信号を電波で飛ばすため、定期的に交換が必要な消耗品である。電池切れでも警告が点灯し、作動を停止する。

センサー内部の電池はテスターで確認でき、残量がパーセントで表示される。寿命は通常3～5年だが、突然ダメになるケースも多い。

電池だけの交換は不可能でセンサーごとになり、現在の価格は1台分で10万円を超える。エアバルブ裏のタイヤ内部に装着されるため、交換の際はホイールからタイヤを外す必要がある。

それだけの手間が掛かるため、タイヤ交換の際にはセンサーの電池残量も調べ、少ないならば同時に交換した方が、作業が1回で済み得である。

センサーが出す電波の周波数は、日本仕様だけが315MHzで、他の仕向け地は433 MHzで統一されている。日本ではアマチュア無線の周波数帯と同一のため、それを避けたのが理由と思われることから、並行輸入車で433MHzの場合、無線との混信が原因で誤作動する可能性がある。

タイヤサイズ変更時のトラブル（F430以降）

これはインチアップの際に起こるトラブルで、タイヤサイズを変更し、オリジナルから前後タイヤ外径の比率が変わった場合、ABSやASR等、個々のタイヤ回転信号を基に制御を行うシステムの不具合が発生する。前後タイヤの信号差が基準以上になるため、タイヤのロックやホイールスピンの状態、若しくはシステムの故障と判断し、それに応じた制御を行うからだ。

たとえば、ブレーキを軽く踏んだだけでABSが作動する、普通に交差点を曲がる程度でもASRが作動し、エンジンが失速する等の症状になる。

新しいモデルほど制御の精度が高く、タイヤサイズの違いに敏感である。F430以降は同時に可変ダンパーの警告も点灯し、ステアリングのモード選択（マネッティーノ）は、切り替え不可の非常時モードになる。

この場合は、テスターでチェックしても、そもそもタイヤサイズ変更を想定したエラー構成ではないので、車速エラーという記録しか残らず、前例を経験していないと判断は難しいだろう。

もしインチアップする時は、まずはオリジナルのタイヤ外径を調べ、それと比率が同じにサイズ設定すれば防止できるが、オリジナルは前後のグリップバランスやトラクションなど勘案の上、最適なサイズとして設定されている。見た目だけの理由で、そこから外れたタイヤサイズへの変更は、お勧めできない。

ホイールの歴史

フェラーリは50年以上も昔から、クロモドラやカンパニョーロ社製のマグネシウムホイールを用いる。それとセンターロックの組み合わせが、当時の定番であった。アルミより軽量なメリットを持つが腐食しやすいため、塗装の剥がれや下地から浮き上がる錆には要注意である［Fig. S-2–3］。

その後、1980年前半を境にホイールメーカーがスピードラインに変更され、材質はアルミに変更されたが、550初期型とF355だけはマグネシウムが採用された。2000年以降はBBS製で、2009年以降はOZ製である。フォーミュラ1のスポンサーと採用するホイールメーカーは連動している。現在はアルミを高度な加工で鍛造して素材の強度を上げ、効率的な造形で限界まで肉厚を薄くし軽量化する方向性である［Fig. S-4–5］。

488ピスタでは、オプションでカーボンホイールの選択が可能になった。

構造は驚くことにカーボンのワンピース成型で、耐熱性が必要なスポークやリムの内側には樹脂をコーティングし補強されている。

この、先進の技術で造られた超軽量ホイールの性能は大変魅力的だが、こすった時に修理ができず交換になるケースが多い上、現在は1本単位で部品供給されず4本セットの販売となっている。しかも価格は400万円を超え、性能、繊細さ、価格のすべてがずば抜けている品だ［Fig. S-6］。

V8は308から現在に至るまで、12気筒のカタログモデルはテスタロッサ初期型を最後にセンターロックは廃止され、5穴ホイールとなる。1980年代後半以降は、センターロックはスペチアーレの特権となった。

5穴ホイールのPCD（Pitch Circle Diameter）は、575MやF430系までが108mm、それ以降は国産車で馴染み深い114.3mmに変更された。オフセットは1990年頃から大きく取られるようになり、その目的は、限られたスペースのなかでサスペンションアームを極力長くするためだ。さらに最近では、大型化したブレーキキャリパーを逃がすため、ホイールのスポークは大きく湾曲したデザインになり、タイヤの外側よりスポークが、はみ出るほどである[Fig. S-7–8]。

360以降のホイールは、ボルトと接触するテーパー面に、齧り防止のテフロンコーティングが施される。これは過度のトルクに弱く、締め過ぎるとコーティングが剝がれるため、ホイールボルトのトルク管理は重要だ。

ホイールボルトは伝統的にクロームメッキが施された品であったが、360ストラダーレ以降は、チタン製ボルトも選択できる。軽量な上、なぜかクロームメッキより価格が安いので、お勧めの品である。

ただ、このチタンボルトが登場した2003年頃は、品質が安定せずネジ部分が齧りを起こし、緩める時に折れることがあった。その後、対策されて以降は品質が安定した。

ホイールボルトの締め付けトルクは、F355以前のモデルで11.0kg・m、360以降では表記単位も変わり、100N・mに指定される。これは他社の平均より3割ほど低いトルクのため、締め過ぎている車が多く見受けられる。

締め過ぎた場合、上記のコーティング剝離の他にも、ホイール穴のテーパー面が割れた例もある。他社の常識にとらわれず、フェラーリ指定値の遵守は重要である。

センターロックのナットは8角形のため回すには専用工具が必要で、締め付けトルクは1980年代中盤以前のテスタロッサや288GTOまでが45kg・m、それ以降が60kg・mと高トルクである[Fig. S-9]。

ホイール脱着の注意点

フェラーリのホイールボルトを緩める際は、ボルトに施されるクロームメッキが衝撃で剥がれるため、インパクトツールの使用は厳禁である。

最近のモデルは、キャリパーとホイール裏のクリアランスが極端に狭いため、ホイール取り付けの難易度は上がっている。キャリパーに当たらないよう、ホイールを保持しながら、ボルトを差し込み固定するのは一苦労である。

上記の通り指定の締め付けトルクは低いため、ボルトを付けたらタイヤが浮いているうちに2.5kg・m程度のトルクで仮締めし、センターを出しておくことも重要なポイントだ。

締め付けにトルクレンチは必須である。

私が締めたホイールのボルトは、累計で多分何万本かに達しているが、それでも勘で締めたボルトのトルクを測定すると、狙ったトルクに合うことは意外と少なく、10％くらいばらついているので、人間の感覚はその程度のものだ。よい仕事には、機材を用いた正確な測定が不可欠である。

ホイール交換の罪

社外部品の功罪はマフラーの項でも触れたが、ここでホイールについて同様の例を述べてみたい。

フェラーリはバネ下重量の軽減に、並々ならぬ努力をしている。

ホイールの他にも、チタン製のボルトやスプリング、カーボンブレーキローターを採用するなど、高価な部品を惜しみなく装着し、使い古された言い方だが、まさにグラム単位の軽量化を積み重ねる目的は、バネ下重量軽減による運動性の向上である。

開発者が苦労して造り上げたものを、社外品の重いホイールに交換しただけで、車の動き全体が鈍重になり、フェラーリの志は台無しになる。モディファイという名目で大金を使った結果、逆に性能ダウンするのだ。

一般的な乗用車の感覚とは違い、フェラーリに用いられる走りに関した部品は、純正でも高品質、高性能である。それよりさらに運動性能を向上させる社外の部品となると、走りに特化したレーシングカーレベルの素材や製法になり、そこまでの品はなかなか存在しない。フェラーリ用として割と認知されているメーカーの品でも、ホイールは驚くほど重く、所詮は大半が見た目だけの品なのが現状である。

ホイールやエアロなど交換して見た目を変えることも、フェラーリを楽しむひとつの方法とは思うが、あまりにも性能ダウンが激しい部品を選択すると、高度にバランスが取れたフェラーリの運動性能を劣化させた状態で味わうことになり、引き替えに失うものが大きい。

購入前には、せめてノーマルホイールとの重量比較データを入手し検討して頂きたい。そんな視点からオーナーさんにアドバイスできる人間が、もっと業界に多くいてくれたらと思う。

基本的な事柄ばかりであったが、タイヤやホイールに関する解説は以上としたい。

次はサスペンションの解説だ。これも、基本的な事柄を積み重ねた解説から、フェラーリのサスペンションに対する考え方を浮かび上がらせてみたい。

2 サスペンション

サスペンションの基礎知識

意外かもしれないが、乗り心地の良さがフェラーリの伝統である。

乗り心地の目安になるスプリングレートは、F355までのV8モデルで多い組み合わせが、フロント：3kg/mm　リア：5kg/mm前後であり、車高が低いスポーツカーの割に、柔らかめの設定である。

以降のモデルはスプリングレートが高くなり、たとえばF430では、フロント：6kg/mm　リア：11kg/mmと、2倍にまでなったが、ダンパーの性能向上により乗り心地は確保されている。

車高が低いため、必然的にサスペンションストロークは限られるが、F355までは短いストロークを最大限に使い、その後360やF430でストロークを抑制する方向になった後、458以降では回帰してストロークを大きくする方向になった。

1960年代後半以降のサスペンション型式は、すべてのモデルでダブルウィッシュボーンを採用している。

旧いフェラーリでもエンジンに関しては、年代特有の迫力や持ち味が強く、その

フィーリングは現代の車で再現できないため、旧いモデルならではの魅力を感じさせるが、サスペンションは旧いモデルに遡るほど動きが悪く、エンジンよりサスペンションの方が、年代に応じた性能の序列が歴然としており、進化を感じさせる。

FRモデルの場合は、1960年代にトランスアクスルが採用された時点で、レイアウトは完成された。その後は、時代ごとの新技術を採用することで連続的に進化しているが、1990年代前半にFRモデル不在の時期があり、その後456が登場した時(1994)は、以前の412（1985～1989)から何世代分も一気に進化した例外もある。

Dino206GTや365BBから始まるミッドシップモデルは、ラゲッジスペースの確保やデザインを優先させるため、エンジンとミッションのパッケージは、全長を短くすることがもっとも求められた(2階建ての手法まで用いられたことから、至上命題だったのであろう)。そのデメリットでエンジン幅は広く、リアサスペンションに使えるスペース、特にアーム長においては著しい制約を受ける[Fig.S-10–11]。

そのため、リア重心位置が高いこともあり、コーナリングが苦手な素性である。

ミッドシップ12気筒のダンパーやスプリングも同様で、リア車軸付近に集中した重量を支え、なおかつ上面が絞られたリアカウルのデザインを実現するため、365BBからダンパーとスプリングは小ぶりな品をリア1輪当たり2本ずつ、ロアアームを挟み込むように装着し、並列にすることで容量を稼ぐレイアウトとされた。減衰が低いダンパーで省スペースを実現する苦肉の策と理解するが、テスタロッサでデザインが一新された後も、ダンパーがビルシュタイン製に変更された512TRでも同じレイアウトとなる。

Dino206GT～328（1968～1989)、12気筒は365BB～F512M（1970～1995)の約20年間は、基本構成は変更せず部品レベルの小改良に留まり、現在の進化するペースを基準に振り返れば停滞の時期である。当時サスペンションはデザインやエンジンほどには重要視されていなかった。

その後、12気筒のミッドシップはカタログから外れ、V8はエンジンが縦置きに変更された後、本格的にサスペンションの進化が始まる。

FRモデルは連続的な進化なのに対し、V8は現状維持と刷新の繰り返しであるが、その手法には熟成不足の問題が付きまとう。エンジン縦置き初代の348や、アルミフレーム化した360など、骨格からの大変更を受けたモデルは、サスペンションまで手が回らないのか、コーナリングの挙動が不安定になり、次のモデルで対策される傾向である。

サスペンション概史 ❶

（F355以前）

ここからすこし、サスペンションの進化を個別の部品単位で解説してみたい。

サスペンションアーム …………………… 512BBiや412まで、12気筒のサスペンションアームは鉄の鍛造品が多く、その場合は、複数の部品をボルトナットで組み立て1本のアームを構成する[Fig. S-12]。

その後、テスタロッサ初期型や288GTO、F40では、カットした鉄パイプなど10点以上のピースを溶接で組み立てたアームを用いる。手間を掛けたことが一見して分かり、昔のレーシングカーに使われた部品のようでもあり、工業製品よりも工芸品と呼ぶにふさわしい。この時代がいちばんフェラーリらしかったと懐かしく思う。製作の手間がネックになったのか、このアームが使われた期間は短い[Fig. S-13]。

Dino206GT〜328や、一部のFR12気筒では、プレス成型した鉄板を溶接で組み立てた構造だ。組み立て前の部品点数は3〜4点と少なく、驚くことにフロントのアームは、Dino246GT〜328の初期型まで、10年以上もの間、共通部品である。これらのことから、量産性とコストダウンを最優先した品であることが分かる[Fig. S-14]。

この形式のアームでさらに驚くのは、鉄板をプレスしたリブにアームブッシュを圧入する構造上、圧入代（しろ）が少なく本来は強度不足なところを、アームとブッシュを溶接で補強していることだ。

そのため、ブッシュ交換の際は手間が掛かる。アームを外した後、溶接を削り落としてブッシュを抜き取り、新しいブッシュを圧入後アームとブッシュを溶接し固定する[Fig. S-15]。

アームの塗装は溶接の熱で一部焼けるので、塗装の補修も必要である。車種にもよるが、アームブッシュ1台分の部品代は60万～70万円+。これだけの手間(=工賃)も掛かるため、かなりの金額になる。

テスタロッサ後期型以降は、プレスした鋼板をモナカ状に貼り合わせたアームに変更された。V8では348、FRモデルは456以降で同様になり、F355や575Mまで続く[Fig. S-16]。

それ以前の、プレス部品を組み合わせたアーム断面は「コ」の字であったが、「□」になり剛性が向上した。

アームブッシュ……………………………328までのV8や412までの12気筒では、ゴムを使用しないメタルタイプのブッシュも使われる。このタイプは変形しないため遊びがなく、サスペンションの動きがダイレクトになるメリットを持つが、全部メタルにするとアームに負担が掛かり過ぎるので、アームのボディー側はゴムブッシュ、タイヤ側はメタルブッシュと使い分けられている。このブッシュは分解できるため、内部の摩耗した部品だけ交換するオーバーホールが可能である[Fig. S-17]。

F355でアームブッシュの構造も改良される。以前の品と大きな外見の差はないが、従来のブッシュは外と内2本の筒にゴムが充填され、アームが動くとゴムが捻れるのに対し、改良型は最内側に筒を1本追加した3重構造で、その筒だけアームの動きに伴い回転するので、ゴムの捻れが生じない[Fig. S-18]。

この構造のメリットは、ゴムの捻れによる反力がないので、ストロークを妨げる抵抗が少ないこと、捻られないゴムは寿命が伸びることだ。

348以前用でも、リペア部品は上記の構造で再設計し供給されていることは特筆に値する。BBのブッシュ交換をする際に改良された品が届いた時は、ここまで親身に旧車メンテナンスをサポートするのかと感動した。

だから348以前のモデルは、現在供給される品を用いてアームブッシュを交換すれば、ゴムが新しくなる効果と部品が改良された効果、両方の恩恵を受けられる。

サスペンション概史 ❷

（360 以降）

1960年代からF355に至るまで、アームやブッシュの形状は連続性が見られ、違うモデル間での共通部品の多さが特徴であったが、360の登場で、それまでの流れを断ち切りすべてが一新された。サスペンションも同様で、それ以前のモデルとは互換性がまったくない。アームの材質も360以降はアルミとなる[Fig. S-19]。

12気筒モデルでは、612（2004）以降がアルミ製のサスペンションアームである。

360の基本設計を熟成させたのがF430（2004）であり、458（2010）で再び形状の大変更を受けた。現在は2代ごとのルーティンでサスペンションの大変更を行うようであり、488も458と共通部品が多い。

360とF430は、アップライトが前後共通部品という点も、それまでのフェラーリではなかったことだ。従来のリアサスペンションは、アップライトを左右からアームで挟む構造だったが、360とF430はリアもフロントと同様、上下2個のボールジョイントとトーコントロールロッドで構成される。458以降も形式は同様だが、各輪に最適な形状を追求したのか、前後共通部品ではなくなった。リアのトーコントロールロッドは360やF430よりも長く、ロール時のトー変化が減少した[Fig. S-20]。

F355や512TR等の鉄製アームは、肉薄の中空構造のため軽量であった。アルミに変更されても、劇的と言えるほどの軽量化ではない。

サスペンションの部品をアルミの鍛造や鋳造で作れば、部品を溶接で組み立てる手間を省けるため、型を製作する投資は必要だが量産性は上がる。

だが、フェラーリの生産台数は少なく量産効果は限られるため、おそらくコストダウン目的の採用ではなく、工業製品としてのレベルを、たとえばドイツ車並みの世界基準に上げることが狙いと想像する。それに必要なコストアップを車両価格に反映させているとすれば、新しいモデルになるたびに価格が上がる現状と辻褄が合う。

アームレイアウトの狙い

マニアックな題材であるが、モデルごとのサスペンションアーム配置について、V8モデルを例にページを割くことにした。

ダブルウィッシュボーンのサスペンションは、横方向から見たアームの角度を変更することで、ピッチング方向の動きをコントロールできる[Fig. S-21]。

年代ごとの特徴を解説することで、その時々フェラーリが何を目指していたか浮き彫りにするのが狙いである。

348以前……………………………………348までは、各アームと地面が平行になるよう、オーソドックスにレイアウトされたモデルが多い。328だけ例外だが、4輪ダブルウィッシュボーンが採用されてから348に至るまで、20年以上守り続けた伝統だ[Fig. S-22]。

これは、アーム配置の効果は使わず、スプリングとダンパーのセッティングだけで、ピッチング方向の特性を決める方向である。

電子制御はない時代、下手な細工をせずドライバーの力量に委ねる前提が、このような箇所にも表れていると私は感じる。

F355 ……………………………………F355のフロントサスペンションアッパーアームは、横方向から見ると前上がりにレイアウトされ、ピッチング方向の動きを助長している[Fig. S-23]。

たかがアームの配置と思われるかもしれないが、それまでの伝統を破る大きな変化だ。

その目的は、まだトラクションコントロールが実用化されていない時代、前モデルから大幅に上昇したパワーでも挙動が安定するよう、リアの荷重を抜けにくくするためである。走行中はノーズが常にピッチング方向にフワフワ動き続けるデメリットを持ち、高速走行時の安定性や回頭の応答性には悪影響をもたらす。

360～F430 ……………………………360でピッチングの動きを抑制する方向へ一転し、それはF430でも踏襲される。フロントは横から見て後ろ上がりに配置されたアンチノーズダイブ、リアは前上がりでアンチスクワットである［Fig. S-24–25］。

ブレーキングやアクセルONなど、前後方向に荷重変化した時のストロークが抑制されるため、特にアクセルON時、リアのグリップ限界が以前のモデルより分かりにくいというデメリットを持つが、地面とのクリアランスを一定に保ち、安定したダウンフォースの発生を最優先し、デメリットはトラクションコントロールで補う前提である。

ということは、電気制御が進歩した恩恵で空力の改善も行えたと言える。

意外に思われるかもしれないが、それまでのミッドシップフェラーリは、200km/h以上でリフトが大きくなり不安定だったが、360以降で大幅に改善された。空力に関しては項を設けたので、詳しくはそちらで解説してみたい。

458 ……………………………………………458では、リアのアーム配置は前モデル同様アンチスクワットだが、フロントはF355と同じ配置に回帰し、素性としてはノーズダイブを助長する方向である［Fig. S-26］。

F355同様、リアの荷重抜けを抑制する目的と思われるが、F355で述べたデメリットは感じられず、高速安定性は抜群で、フロントの回頭性はおそろしいほどクイックだ。

それを不思議に思い、サスペンションの動きを観察しながら運転したところ、ダンパー減衰力の可変量がおそろしく大きいようである。低速のブレーキでは意外なほどフロントが上下し、速度が上がると、まるで別の車のようにストロークが抑制される。ダンパー制御の進化と、フロントのダウンフォース増加により復活したアーム配置である。その方向性は488でも踏襲される。

その時代に入手できる最善のダンパー、空力特性、電子制御を組み合わせ、高速走行、コーナリング、安全性の高度な両立を目指す手法が、アームの配置から読みとくことで浮かび上がり面白い。

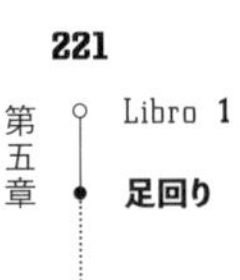

ダンパーとスプリング

ダンパーが減衰力を発生させるために、ケース内部にはオイルが充填されている。そこにストロークに応じてロッドが出入りするが、充填されたオイルは圧縮できないので、そのロッド体積分を逃がす手法の違いでダンパーの形式は分類される。

その手法は時代により進化し、筒が二重構造で外筒に余分なオイルを逃がす複筒式、ガス室に充填されたガスを圧縮するガス式が採用され、なかには両方の構造を持つダンパーの採用例もある。

以下、今まで採用されたメーカーと特徴、組み合わされるスプリングについて解説してみたい。

KONI ……………………………………… かつてはKONIのダンパーがフェラーリの代名詞だった[Fig. S-27]。

1960年代から1990年前後まで長期にわたり使われ続け、最後のモデルは、テスタロッサ、412、328の最終型手前、スペチアーレはF40までである。

構造は、ガスが充填されない複筒式で減衰の可変機構を持つ。可変といっても、一度スプリングやバンプラバーを取り外し、縮み側にフルストロークさせてから行うので、頻繁なセッティング変更には向いていない。

減衰力は伸び側最大でも1000N台と、現在フェラーリで使われるダンパーの、1/3～1/5くらいの値であり、最近の感覚からすると驚くほど低い。

そんな特性のダンパーと、レートは3～5kg/mm程度の長いスプリングに、プリロードを多く掛けた組み合わせである。レートが低いスプリングで乗り心地を確保しながらも、底突きを防止させる狙いだろう。

スプリングにプリロードを掛けると、プリロード分の荷重を超えてから縮み始め、伸び側はプリロードの分、反発力が強くなるので、要は縮みにくく伸びやすくなる。

それと減衰力が高くないダンパーを組み合わせているので、コーナリング中はフワッとロールしながら、路面の細かいギャップを拾い細かく跳ねるという、独特な動きをする。また、ダンパーの劣化に敏感であり、減衰力が低下すると跳ねる動きが激しくなる。

ビルシュタイン …………………………… ダンパーの分類でいえば、高圧ガス式という、30kgf/㎠前後の窒素をガス室に封入した構造である[Fig. S-28]。

1989年の、モンディアルt（Mondial t）と328最終型から、ビルシュタイン製のガスダンパーが採用された。328の1989モデルは、KONIとビルシュタインの両方が存在したので、ダンパー特性の違いが比較しやすい。

ガスダンパーの特徴は、封入されたガス圧以上の力を掛けないと、縮み方向に動き出さないことである。それが先入観になり、高圧ガスのダンパー＝足が固いと思い込んでいたが、実際はKONIより当たりが柔らかく、宙に浮いたようなしなやかさで驚いた。

現在のダンパーはさらに進化しているので、それと比べると動き出しの渋さを感じるが、フェラーリに採用された約10年間に慣れ親しんだせいか、現在でも私の好みである。

328は車高を変更できなかったが、モンディアルtや348、512TRから可能になった。ケースの材質は、328、348とモンディアルtが鉄で、以降はアルミになる。

当時は、スプリング寸法のばらつきを選別し、グレードを3種類に分け管理していたが、最近では新車装着、リペア部品ともに選別は行われていない。

モンディアルt、F355、456GT、550、F50の各モデルは、コントロールユニットを用いて減衰力が可変である。ダンパーロッド先端に可変ダイアルが付くタイプをベースにして、モーターでダイアルを機械的に動かす方式で、1989～1999年の長期間にわたり使われた[Fig. S-29]。

モンディアルtは、スイッチで固さを3段階に切り替えるのみだが、その後はSPORTスイッチで固くする機能の他、Gや車速の信号を基に自動で変化する制御も行う。

減衰力の可変量は大きく、たとえばF355では、ロッドスピードが0.3m/s時の最小～最大は約1000N～2600Nであり、スイッチ操作による大幅な変化を体感できる。

最小値でも以前のKONIと同等の減衰力であることに進化を感じ、低い減衰力でセッティングしていたKONI当時の苦労が偲ばれる。

ザックス(SACHS) ……………………… 360、F430、575M、Enzoのダンパーはザックス製である。

減衰力はさらに上がり、たとえば360やF430でロッドスピードが0.3m/s時の最大値は、フロントが約3000N、リアが5000Nである。組み合わされるスプリングレートは、V8モデルでフロントが約6kg/mm、リアが約11kg/mmと、F355以前の標準値から一気に倍となる[Fig. S-30]。

複筒式に低圧ガスを封入した独特な構造を持ち、縮める時の反力が少ないため応答性に優れるメリットを持つ。そのおかげで、スプリングレートが高い割には固く感じない足を実現している。

ダンパー内部に収められたソレノイドバルブ(電磁弁)へのパルス電流を変化させることで、減衰力を変える。以前の、モーターでダイアルを回す方法より洗練された機構で、信頼性も高い。

360は従来同様「SPORT」のみだが、360ストラダーレ以降はさらに「RACE」も選択でき、より高い減衰となる。

より細かい制御とタイムラグ減少の改良は継続され、減衰力制御の基となるセンサーは新しいモデルほど多い。F355でフロントバンパー内にひとつだったGセンサーは、360で車両の前後ふたつになり、F430はさらに左右フロントアップライト裏に追加され、ステアリングの舵角信号も入力される。

テスターを接続すると、ダンパーに流れる電流値(=固さの変化具合)が表示可能なので、試しに表示させたまま走行してみたところ、予想よりも値は目まぐるしく変化することに驚いた。値を見ながら走行すると減衰力の変化を感じられるが、見るのをやめると変化が分からなくなるので、自然な動きをするよう高度なセッティングが施されているのだろう。すっかり各章に登場する常套句になってしまったが、フェラーリ開発陣のセッティング能力は高い。

360ストラダーレ以降のモデル末期の限定車に使われるサスペンションの部品は、グレードの高い品が使われる。

スプリングはチタン材を用い、さらに430スクーデリアは、リアのダンパーケースのストロークに関係ない部分を小径化し、軽量化が施される。360～F430のサスペンションは動きにくい素性を持つので、バネ下重量を少しでも軽くする狙いである。

カタログモデルでは、やりたくてもできなかったことが垣間見えて興味深い。

BWI（旧DELPHI）…………………………599や458以降のモデル（カリフォルニアはオプション）から、BWI社のマグネライドが採用されている［Fig. S-31］。

BWI社は聞き慣れないので調べたところ、元はGM系部品メーカーのDELPHIが開発した品で、その部門をBWI社に売却したようだ。

マグネライドの原理は、通路に配置されたコイルに通電し電磁石にすると、ダンパーオイルに混ぜてある微粒子の磁性体が通路を通過する際の抵抗が増え、減衰力が上がるというもの。減衰力の可変機構に機械的な作動をする部品がないので、可変のレスポンスが桁違いに速い特長を持つ。これまでは、ダンパー内部の通路面積を可変することが前提で、それをいかに速く動かすかの勝負であったから、マグネライドの構造はコロンブスの卵的な発想で、なおかつシンプルである。

ただ、オイルに混ぜた磁性体の影響で、摺動（しゅうどう）部が摩耗しやすいのか、ケースは従来のアルミから鉄製となった。

このシステムでは、フロントハブのGセンサーが廃止され、各輪のサスペンションアームに取り付けられたストロークセンサーの信号を基に制御を行う［Fig. S-32］。

同じシステムでも改良は進められ、さらなる可変速度の向上を目指している。

このダンパーが装着されたモデルは、とにかく減衰の可変幅が大きい印象を受ける。普通の乗用車のような当たりの柔らかさから、高速時のストローク抑制まで、変幻自在という表現がふさわしいが、F430と比較すると、やりすぎ感もある。詳しくは後の項で、モデル別の印象として解説してみたい。

車高調は、特にリフティング付きで調整幅が少なくなり、従来のように大幅に車高を下げることはできない。

ウィークポイント

次は、モデルごとのウィークポイントや、サスペンションメンテナンスの指針について解説してみたい。

アームブッシュ（F355以前）…………… F355以前の、ゴムが捻れる構造のアームブッシュは、サスペンションのストロークに伴い金属音を発生する例が多い。ミッドシップの12気筒で多く、たとえば低速走行で段差を乗り越えた時など、「パキ」という結構大きな音が、ダッシュボードの中辺りから聞こえる症状になる。

音源はサスペンションアームの付け根だが、フレームを伝わり室内からの異音に聞こえるため、症例と対策法のデータを持っていないと苦労する代表例であった。

アームを固定するボルトとブッシュの位置関係が悪く、アームが動くとブッシュが捻れ過ぎることが原因なので、1G（サスペンションに車重を掛けた状態）でブッシュに捻れが発生しないよう、取り付け直すだけで解消する。

フロントサスペンションアッパーアーム（360、F430、612、599）
……………………………………… 前世代となる上記4モデルの、フロントサスペンションアッパーアームとアップライトを繋ぐボールジョイントは、耐久性が低くガタが出やすい。10000kmを超えた辺りから発生する例が多く、路面の凸凹と連動しガタガタ音が発生する。音源のアームからフレームに振動が伝わるため、室内でも結構な音量になる。

この部分は、アルミ製のアームに、接着剤を塗布したピロボールを圧入した後、サークリップで固定した構造である。ボールジョイント自体にガタが発生する他、圧入部が緩くなることでもガタが生じる。

車種や年式で部品供給の単位が違うため対処方法が異なり、ボールジョイントだけ交換できたり、アームごとアッセンブリー交換になったりする。ボールジョイントだけ交換する場合は、特殊な接着剤が必要である［Fig. S-33］。

アームごと交換の場合は、新品アームにボディー側のブッシュは含まれないため、それらも交換になり、現在の部品代は片側で13万円前後となる。
メーカーでもウィークポイントと認識されていたのだろう。458以降は、一般的なボールジョイント形状に変更された。

リアサスペンショントーコントロールロッド（360～F430）

さらに360やF430では、リアサスペンションのトーコントロールロッドにもガタが発生しやすく、交換例が増えてきた。これも単価が10万円以上となる部品で、同じような部品でも構造が華奢な360で発生、交換例が多い。
360～F430は、これらのウィークポイントの他にも、消耗品であるアームブッシュの交換時期も迫っているため、今後サスペンションをリフレッシュするには高額な出費が予想される。

ダンパー本体とサスペンションアームブッシュの寿命

ダンパー本体に起こるトラブルは、経年による減衰力の低下や、ロッドのシール部分からのオイル漏れが大半で、サスペンションアームブッシュはガタが出るまでの劣化は稀だ。
どちらも外見的には丈夫であるが、サスペンションアームブッシュは経年でゴムの固さが変わることが原因で、サスペンションが本来想定している方向以外の動きが増え、4本のタイヤがバラバラに動くような、まるでボディー剛性が落ちたような車の動きになり、ダンパーは減衰力が低下することでスプリングを抑えられなくなり、車が跳ねる挙動になる。
その状態が、サスペンションアームブッシュ交換やダンパーオーバーホールの時期である。
だが、これらの部品はアナログ的に少しずつ性能が劣化するため、どのポイントで劣化を体感するか、人それぞれである。
たとえば、新車から10000km走行した時にすべてリフレッシュした場合、分かる人は新車のように戻ったと思い、分からない人はまったく気が付かないというものである。

そのため、こちらの判断基準は通用せず、「そろそろ足回りオーバーホールの時期ですか？」という質問をされた時は、車の現状を把握した上で、オーナーさんの走行シチュエーションや運転スキルを判断基準に、リフレッシュを体感して貰えるか否かで判断するため、機械部品としては例外的に相手次第で回答を変えている。

可変ダンパーに起こりやすいトラブル

減衰力調節の不具合（モンディアルt～550　ビルシュタイン）

……………………………………… ダンパー上の歯車状ダイアルと、モーター間の噛み合わせが悪くなり、正常に回転できず警告が点灯する例が多い。歯車は小さく精密なので、ちょっとしたバリでも作動不良の原因になるため、ダンパーの脱着等には神経質なくらいの注意が必要だ［Fig. S-34］。

このシステムは、イグニッションスイッチをONにするたびに、モーターが1往復動いてキャリブレーションを行う。耳を澄ますとモーターの動く音が1～2秒、「カシャー、カシャー」と聞こえ、それがキャリブレーション中の作動音だ。結果がOKなら警告灯を消灯させ、上記症状の場合は警告が消灯しなくなる。

バリ程度の原因ならば修正で対応可能である。最近では歯車が割れた例が多く、その時は交換が必要だが、新品は歯車単品で部品供給されず、ダンパーごとになるのがネックである。

また、一定時間車速の入力がないと警告が点灯する構造のため、たとえば暖気中や停車中の空吹かしで点灯するのは、たいてい驚かれるのだが正常である。これは当時問い合わせが大変多く、警告を点灯させるロジックが悪いだけであることを理解して貰うのが大変であった。このケースでは、エンジンの再始動や、走行を始め車速信号が入力されると消灯するので、それで故障かどうか判断して頂きたい。

あと、ダンパーロッドを貫通する減衰力調整ロッドのシールは寿命が短く、オイル漏れしやすい。漏れたオイルはダンパーのアッパーマウントに付着し、ゴムがブヨブヨに膨らんでしまう。この場合は、ロッドに傷がなければオーバーホールしながらのシール交換で修理可能である。

この系統のダンパーは部品価格の上昇が昨今激しく、モデルにより1本30万円以上になる。

モーターは意外に丈夫だが、最近は交換のケースが増えてきた。これも現在入手困難になった。

Gセンサー不良など（360～F430　Enzo）
……………………………………… もっとも多い警告点灯の原因は、エンジンルームに装着されるGセンサー不良で、熱くなる環境に熱に弱い部品が存在するため寿命が短い。Enzoでも、Gセンサーはラジエーターを通過した熱風の通路に取り付けられるため、同様に寿命が短い。

他には、ダンパー内部で配線の断線というケースもあったが、これは稀である。

360の場合、4輪を独立して制御しないため、たとえばリア1本が断線した場合、テスターのエラーは「リアダンパー不良」だけで左右どちらかは表示されない。その後、サーキットテスターを用いる等、昔ながらの方法で点検を行うため、左右を特定する手間が掛かり、診断が難しい。

意外な原因の警告点灯例（F430以降）… F430以降は、ステアリングセンター位置調整のためタイロッド長を変更しただけで警告が点灯する。アライメント調整後に多い。

それは、ステアリング舵角信号もコンピューターに入力され、ステアリング舵角とGセンサーからの入力が合致しているか、常に監視しているため起こる。タイロッドの長さを変更すると、ステアリングセンターの角度が記憶している値と変わるので、直進状態でもステアリング操作中の信号が入力され、それに応じた横Gの信号がGセンサーより得られないため、異常と判断するからだ。

この場合は、ステアリング位置を調整した後、テスターを用いて中立位置を再記憶させると消灯する。

タイヤサイズ変更と同様、今まで問題にならなかった変化でも、最近のモデルでは警告が点灯するケースだ。制御のレベルが上がると、入力されるデータ

の精度も高く保たなければ意味がなく、それゆえメンテナンスの手間が増える例でもある。

操舵装置（ステアリングギアボックス、パワーステアリング）

フロントタイヤを操舵するステアリングギアボックスは、FR12気筒は1980年代後半の412までボールナット式で、456GTや550マラネロ以降から、現在一般的な形式であるラックアンドピニオンとなる[Fig. 5-35]。ミッドシップは、6、8、12気筒すべてのモデルがラックアンドピニオン方式だ。

油圧式のパワーステアリングは、FR12気筒は1970年代前半の365GTC/4より装着されるのに対し、ミッドシップモデルは1990年代中盤のF355でようやく採用され、F355はパワーステアリングなしの選択も可能であった。その後はすべてのモデルでパワーステアリングが標準装備となり、スペチアーレはEnzoから装着される。

他メーカーでは10年以上前から、電動式パワーステアリングの装着例が増加しているのに対し、フェラーリは電動式独特のフィーリングを嫌ったのか、812からの採用である。

デイトナ以前、FR12気筒のパワーステアリングなしモデルは、低速時に現在の感覚ではあり得ない位ステアリングが重く、車庫入れは力業となる。それに対しミッドシップモデルはそうでもなく、走り出してしまえばステアリングの重さは気にならないレベルだ。

ステアリングギアボックスにおいても、新機構採用当初にトラブルが集中する傾向だ。308までは、ギアボックス自体が華奢なため、内部のギアにガタが発生しやすく交換例が多かったが、328以降は強化されたためトラブルは減った。

456GTでは、取り付け部の剛性が低いのか、ギアボックスを固定するボルトが緩みやすい。

ギアボックスからのオイル漏れで交換する例は、圧倒的にF355が多く、現在は生産終了のため新品の入手は困難だ。だが、同時期のボルボと同じような品を使用しているので、その部品を用いてリビルト可能なことが救いである。

360やF430はタイロッドエンドにピロボールを使用しているため、他のモデルと比べガタの発生が早い。また、パワーステアリングの構造上、内部の油圧シールは消耗品のため、両モデルはこれから漏れによる交換事例が増えていくだろう。

以上が、フェラーリの足回りに関した基本的な事柄の解説である。
　これから、さらに踏み込んで、フェラーリ特有の設計方針や、車種別のインプレッションに移りたい。

トレッドとホイールベース

F355までのミッドシップフェラーリは、伝統的にリアのトレッドがフロントよりも広かった。荷重が大きいリアは広いトレッドと太いタイヤで支え、少ないフロントは狭く細くする。荷重に応じ設定されたグリップバランスが、全体の形にも表れている。上から見ると台形のボディーシルエットは、デザイン上の特徴でもあった。横から見ても上から見ても楔形のシルエットは、スーパーカーだけに許された造形である。
　ところが360から、一転してリアよりフロントのトレッドが広くなった。ボディー幅は前後ほぼ同じでも、左右タイヤ幅の中心点同士の距離がトレッドなので、フロントタイヤの方が細いと基準点が外になり、トレッド寸法が大きくなる。
　以降のシルエットは上から見ると長方形であり、かつてのスーパーカー世代に属する私としては、フェラーリが普通の車になっていくようで多少寂しいのだが、そうすることで得られるメリットは大きく、以下で詳しく解説してみたい。
　まずは360登場の際、台形シルエット最後のF355から、どうパッケージングが変更されたかを追ってみよう。

　　エンジンを前に移動させる（F355はそのスペースに燃料タンクが存在した）
→　燃料タンクをエンジン前から両脇に移す（F355はそこにラジエーターが存在した）
→　ラジエーターをフロントバンパー左右の内部に移動する
→　ラゲッジスペースとタイヤ切れ角を確保するため、フロントのトレッドが広がる起点はエンジンを車体中心に近づけることから、上記のような場所の取り合いをした結果である。つまり、リア寄りだった重量配分を適正化することで、運動性能を上げながらラゲッジスペースも確保する狙いである。

フロントトレッドが広がったことで、コーナリング時はフロントタイヤのグリップが増すので、従来のグリップバランスを維持するため、リアタイヤを太く、フロントタイヤは細くすることで対処している。

F355は前後のタイヤ幅が225/265に対し、360は215/275だ。360登場当初は、細い割には外径が大きい215幅の18インチタイヤに違和感を覚えたものだった。以降のミッドシップV8はモデルチェンジのたびに、タイヤ幅の前後差6センチを守りながら、1サイズずつ幅が拡大されていく。

トレッド/ホイールベースの比率は、2シーターモデルで1.6前後の値を、新旧及び駆動方式を問わず頑なに守る。他社のスポーツカーと比較しても定番の値で、コーナリングを軸としたバランスがよいのであろう。

アルミボディー以前の2シーターは、モデルチェンジのたびにホイールベースを小刻みに伸ばし、2500mmをリミットにしていたと思われる。搭載するエンジンに対し、ボディーサイズと重量のバランスが最適なのは、鉄のフレームではその近辺なのだろう。

フレームがアルミ化されると同時に、V8も12気筒もホイールベースは一気に200mm以上伸ばされ、主に室内寸法の拡大に充てられる。にもかかわらず、360や599は前モデルと同等の車重に抑えられていることから、軽量な素材を採用したことでホイールベースを延長することができ、室内空間を広くできた流れである。

ただ、比率へのこだわりのおかげで、ホイールベースが延長されるとトレッドも同率で広くなるため車幅も拡大していき、いつのまにかフェラーリは巨大な車になってしまった。

アライメントデータ

フェラーリのアライメントデータは、年代を問わず一定の法則で統一されている。即ちそれは、フェラーリ伝統のコーナリング特性は変更する必要がないという自信の表れであり、開発時に最終的な挙動を決める際、従来の手法を変えてまで辻褄を合わせるギミック（仕掛け）が存在しないことでもある。

車高バランス……………………………まずは前後の車高バランスであるが、運転した時の印象は、FRは若干リアが高く、ミッドシップはフロントが高く感じられる設定で統一されている。

キャンバー………………………………タイヤの性能に応じ値が決められる。70扁平の頃は、フロントが若干ポジティブで、リアは少しネガティブである。その後、タイヤ性能の向上に伴い、ネガティブ方向に角度が増えていき、最近のタイヤではリアがネガティブ2度前後、フロントとリアのキャンバー差は、1度前後が多い。

キャスター………………………………パワーステアリングの有無で値が変わり、なしで4～5度、ありで7度前後の設定が多い。パワーステアリングなしで角度が少ないのは、単純にステアリング操舵力を低減させるためである。

トー………………………………………前後ともにトーはINで、フロントが2～3mm、リアは3～4mm程度の設定が多い。

アライメント調整

アライメントの調整は、アームとボディー間やダンパー下に挟まれるシムを増減して行う。F355や550や575M（マラネロ系）までは、ロアアーム付け根に挟まれるシムの増減で、リアサスペンションのキャンバーとトー調整を同時に行うため、狙った値にするまで時間を要したが、360以降はトーコントロールロッドが独立し、調整は楽になった。

車高を大幅に下げるとキャンバーを減らせないが、それ以外は調整幅が広いため、車高バランスと組み合わせて、オーナーさんの運転スタイルやスキルに合わせたハンドリングに仕立てられる。また、コーナリング特性に限らず、タイヤの片減りを防止する等の目的でもセッティング可能である。

セッティングの例を以下挙げてみる。

旧いモデルは、現在のタイヤよりグリップが低い前提で設定された値なので、キャンバーはオリジナルの値より多少ネガティブ方向にセットした方が、現在のタイヤと相性がよい。

ミッドシップの車高バランスは、コーナリング中にフロントから流れるよう、オリジナルでは意図的にフロント車高を上げてある。そのため後ろ下がりのロール軸を、地面と平行になるイメージでセッティングし直したハンドリングが私の好みである。

フェラーリは純正サスペンションのままでも、セッティングに自信のある人には、かなり楽しめる素材だ。

車高変更の影響

最近のフェラーリは、バンパー縦方向に厚みを持たせ、ホイールアーチの隙間を広く取るデザインのため、実際より車高が高く見える。

ホイールアーチが広いのは、ステアリングを切った状態で段差を越えた時、タイヤとフェンダーの干渉を防止するためで、そうデザインされていなかった360でフロントフェンダー破損の事例が多かったための対策であろう。

そのため、ホイールアーチの隙間を基準にして車高を下げると、想像以上に最低地上高が低くなる。

しかもフロントオーバーハング先端が一番低くなるため、歩道やスロープを通過する際、フロントバンパー下を擦る頻度が高くなる上、タイヤとフェンダーが干渉しやすくなる。

また、車高を下げるとキャンバーやトーの値は大きく変化する。cm単位で変更した場合は、同時にアライメントの点検調整は必須である。

あと、タイヤサイズを変更した時に見た目で車高を合わせると、前後の荷重バランスが大きく変わるため、車の挙動がおかしくなるので注意が必要だ。

サスペンションセッティングのインプレッション

ここまでは、サスペンションの構造や用いられる部品の特徴、設計思想など、純粋に機械のことを解説してきたが、その結果どのようなコーナリング特性を得たのか、モデル別に解説してみたい。

これは、プロのドライバーには及ばない私が、他からの引用はせず自身で運転し感じた主観だけで構成している。以上ご理解の上、お読み頂きたい。

FRモデル（2シーター） …………………… 2シーターFRモデルに共通するのは、リアの腰高感である。限界までリアのグリップを高めるのではなく、大きくロールしてからリアが流れ出すので、コントロール性を重視した結果であろう。多少のスライドはコントロールできる人向けだ。

その方向性の頂点はデイトナである。交差点を曲がるだけでガツガツと作動するLSDの特性と、軽いがロールは大きめなリアの動きが複合し、コーナリング中はアクセルを多めに踏み、大きなアングルでドリフトさせ、重いステアリングを忙しく回しながら運転したら、さぞ痛快だろうという仕立てである。

その後、長期にわたるFR2シーター不在の後に復活した550系は、絶対的なグリップを上げ、スライドしたらASRで抑える方向のため、ダイレクトと言えばそうなのだが、荷重の変化に敏感である。FRのハイパワー車なのだから、もう少し滑り出す前のサインが車から出て欲しいと思った。デメリットはタイヤの項で述べた通りで、FRでは一番扱いにくい。575Mでマイルドな仕立てになったが、素性は550と同じである。

599では古の味付けが復活していた。

コーナリングを始めると、ロールセンターが高いリアがどんどんロールしていき、アクセルONでさらにグラッと揺れながら外へ逃げる挙動に、デイトナを思い出し懐かしくなった。いっぱいまでロールしてからスライドが始まる安心感は、ハイパワーFR車では必要だと思う。30年の時を超え、楽しいFRの挙動はこうあるべきという共通認識を、内部で確立しているフェラーリには、あらためて驚かされる。

ただ、デイトナとはパワーが200PS違い、段違いにタイヤがグリップする599は、同じ挙動をするスピードが高過ぎるので、コーナリングを一般道で楽しむのは難しい。

F12以降は、599と同じ素性を電子制御の洗練により、進化させた印象を受ける。以前のような大きい姿勢変化は抑えられ、まるで車の形をした塊がレールに乗ってコーナリングしているようで、私のような旧世代のフェラーリに慣れた身では、とても不思議な感覚だ。また、ステアリング応答のクイックさは現代のフェラーリ各モデルと共通だ。

FRモデル（4シーター）…………………… 4シーターの場合は、歴代の2＋2と呼んでいた時代から、612やカリフォルニアに至るまで、どのモデルも同じような仕立てで、それを一言で表すと船である。ホイールベースが長い車特有の、ステアリング操作からコーナリングが始まるまでのタイムラグに合わせて仕立てられた、ゆっくり柔らかく動くサスペンションは、こうも2シーターとは違う方向で作り分けるのかと驚くほどだ。

絶対的なグリップは低くないのでコーナリングは速いが、2シーターで楽しむような走りをすると腰砕けになり、スポーティな味付けではない。肩の力を抜いた高速巡行に特化した印象で、1日に数百km走破するシチュエーションで真価を発揮する。FFは多少印象が異なり、素性は上記と同じだが、ステアリングの応答性だけは、新世代ミッドシップの458以降と同様に、かなりクイックな反応をする。

ミッドシップ（328　512Mまで）………… ミッドシップモデルにおけるサスペンションセッティングの原点はDinoである。最初に確立された方向性は20年以上守り続けられ、328やF512Mまで続く。それは、極力フロントを先に逃がし、リアのグリップを簡単に失わせないコンセプトである。

コーナリング中アクセルをONにすると、フロントの荷重が急激に抜ける感じでフロントからグリップを失い、どんどん外側にラインは膨らんでいく。その強めなアンダー状態が続いた後、リアが堪え切れずブレークする。

リア駆動で重量もリア寄りのミッドシップは、旋回中の遠心力と駆動力の合計が、リアタイヤのグリップ限界を超えスライドした時、フロントエンジン車よりスライド（横方向に移動）しようとする慣性が大きく、いったん滑り出すと止めにくい。

そのうえ、第一章で解説した通りエンジン重心は高く、さらに12気筒はエンジン自体も重いので、重量配分は前：後＝1：2に近く、その特性を助長させている。

そんな、操作の難易度が高い素性を持つ、当初のミッドシップを躾けるため、多少タイヤグリップの限界を超えたとしても、いきなりリアが出てスピンしないよう、上記の挙動に仕立てられている。これはセッティングした人の良心であり、ドライビングのレベル想定は、コーナリング中はアクセルコントロールを行い、無理なステアリング操作をしないことを実践できる人向けである。

したがって、フロントが逃げ出した時は、「そろそろリアの限界だからやめておけ」の合図と考えた方がよい。フロントが逃げたからとステアリングを切り増しすると、次の瞬間は恐怖のリアスライドが待っている。

そんな強めのアンダーと、コーナリング中はイン側が持ち上がり、グラッとロールしながら路面のギャップを細かく拾い車体が上下するという、KONIダンパーとプリロードが多いスプリングの組み合わせ特有の動きが、当時のミッドシップ独特の持ち味である。そんなにスピードが速くなくても車と格闘している感が強く、アンダーを減らすためフロント荷重を意識しながらの運転が必要になる。

その後、512TRやF512Mでダンパーがビルシュタインに変わり、しなやかさを得て当時は激変したと思っていたが、根本的なリアヘビーと高重心が改善されたわけではなく、また、その後の進化を目の当たりにすると、正直なところ今となってはドングリの背比べである。

以降のモデルも、大まかな方向性はF355まで同じだが、相違点を個別に解説してみたい。

348 ……………………………………… 348の狙いも上記と同じはずなのだが、

実際の挙動は独特である。

フロントグリップの限界が一定でないので、フロントがここまで流れた後にリアは限界を超えるという基準が明確でなく、相対的にリアの限界も摑みにくい。そのため、何かリアが粘らないような、従来のフェラーリとは違うバランスを感じ、突然リアが滑り出しスピンしやすい印象だった。

原因として、フェラーリで初めて採用された、キャビンから前だけモノコック化されたボディーの剛性は低いのに対し、エンジンを支えるパイプフレーム部は剛性が高く、コーナリング中はフロントのボディーだけ大きく撓むことが考えられる。

他、328以前に慣れていると、素性としては348の方が正しいはずだが、当初はリアヘビーでないことに戸惑いを感じた。328までのリアヘビーは、旋回性能の素性は悪くても、トラクションに関してはよかった。

そんな348に対しては、コーナリングが怖いイメージをしばらく持っていたが、後の360ストラダーレでASRをカットした時の、さらに綱渡り感が強いコーナリングを経験した以後は、348が容易に感じられた。360以降は、電子制御の介入がない状態では、348とは比較にならないほどコーナリングの難易度が高い。現在のモデルは、いかに電子制御に助けられ走らされているか、旧いモデルを運転することであらためて実感できる。

F355 ……………………………………… F355では、348から60PS上がったパワーに、トラクションコントロールの助けを借りることなく対応するため、さらなる挙動の安定を図りながら、同時にコーナリング限界の向上を目指している。

まず、フロントサスペンションのアーム配置は、前述した通りピッチングを大きくさせる効果を持つ。そのため、従来と同等のスプリングレートでも、荷重の変化に対しフロントサスペンションのストロークが大きく、走行中は常にノーズがフワフワと上下する。さらに、エンジンを回転中心としてロール方向も大きく動くが、これらは急激に荷重を変化させない意図的なものである。

他にも、リアサスペンションのロアアームが長くなり、コーナリング中の対地キャンバー特性が改善され、リアのグリップが増したこと、前上がりに設定された車高バランス等のすべてが、リアの荷重を残しグリップを失わせない工夫である。

上記348の挙動は問題とされたのだろう。F355にモデルチェンジする際の優先事項として、348のウィークポイントを潰していった過程が、F355で変更された箇所ひとつひとつに表れている。

また、パワーステアリングの採用も、コーナリング性能向上のためである。

かつてのパワーステアリング未装着車は、キャスター角とステアリング操作に要する力は比例するため、それらのバランスがよい妥協点、おおむね4度半前後に設定されていた。コーナリングを考えた最適値は、もう2度半増やした7度であるが、そうすると、デイトナなどさらに昔のモデル並みにステアリング操作は重くなる。これら相反するふたつの事柄を両立させるためのパワーステアリング採用であり、真の目的はキャスター角を増やすことだ。

コーナリング中はステアリング舵角に比例して、前外側タイヤのキャンバーはネガティブ方向に増加するが、キャスター角を大きく設定するとキャンバー変化量が大きくなり、ロールが増えても対地キャンバーは確保でき、フロントタイヤのグリップは上がる。

基本的な挙動は、それまでと同様アンダー方向に仕立てられるが、キャスター角を増した効果で、ステアリング舵角を増した時の、フロントグリップを補う挙動が追加され、アンダーの状態から多少ステアリングを切り増ししても、ある程度はフロントタイヤが追従するメリットを持つ。以前のモデルは、この状況に陥るとアンダーが収まるまでは、舵角一定で耐えるしか方法がなかったので、操作の選択肢が増えた効果は大きい。

これら良心的で意欲的なセッティングが施されたF355は、1960年代末から続いた伝統的なセッティングの集大成と呼ぶにふさわしい。

360～F430 ……………………………… 360以降は、F355以前よりフロントトレッドが大幅に広がった。フロントタイヤは細目の設定となり、接地面積当たりの荷重は増えている。それらの効果で、それまでのモデルほどフロント荷重を意識せずに済む。

ピッチング方向の姿勢変化は以前より少ないので、F355までのような、アクセルを踏むとノーズが持ち上がり、ステアリングの反力も抜ける等の分かり易さがなく、車からのインフォメーションは減った。

アクセルONでは、フロントからプッシュアンダー気味に逃げ始めるが、そこからリアが滑り出すまでの時間が短くスライドも速いので、私の腕では限界のコントロールは難しい。まるで大きなカートのような挙動である。

車体がロールするとトー変化が大きく、コーナリング外側タイヤのフロントトーはイン方向に、リアはトーアウト方向に増加するので、これが上記の挙動を助長させている。

あと、エンジンやF1システムの解説で述べた通り、360はアクセルの細かいコントロールが難しいので、グリップ限界での高速コーナーは怖い。

車重を100kgほど軽量化した、360ストラダーレのコーナリングは、さらに綱渡りである。RACEモードでコーナリングすると、アクセルONでリアが常にムズムズ動きスライドしたがる。あまりスライド量を大きくすると私の腕では止められそうにないので、体感で2～3cm滑ったあたりを目安に細かく修正する運転となり、それは物凄い集中力を要するので疲労が大きい。それはそれで達成感があり、高度な楽しみ方なのかもしれないが、軽量ハイパワー車特有の、F40と似通った危険な香りを伴う。

空力の要件から姿勢変化を抑えた結果、従来F355までのハンドリングとは大幅に異なり、上記のように操作の難易度は上がったわけだが、トラクションコントロールに依存することで安全性を担保する。その、トラクションコントロール完成度の差が、そのまま360とF430でハンドリングの違いとして表れている。

360は、トラクションコントロールの作動タイミングが速く利きも強い。作動中はメーターパネルに「ASR ACTIVE」という文字が表示され、同時にエンジン出力も大きく絞るため、ガス欠のように一瞬失速する。

このセッティングはF430で大幅に改良された。サスペンションの機械的な構成は、360と共通部品が多く大幅な変更はないため、主にボディー補強の効果とトラクションコントロール制御が進化した賜物である。

まず、ステアリング操作に対するノーズの動きは、360ほど過敏でないことに大きな違いを感じる。ペースを上げアクセルを開けていくと、ASRの介入は早くないので多少スライドを楽しめる上、いつのまにか車がスライドを止めている優れ物である。

前モデルから100PS近く上がり獰猛なはずの素性を、岩のようにどっしりとした安定感で包み込む印象で、運転がうまくなったかと錯覚するほどだ。

私はF430のハンドリングが一番好みである。

基本構造が同じ360とF430で、なぜここまで印象が違うのかとながらく不思議であったが、新車から未交換で8年経過し、まったくグリップしないP-ZEROタイヤのF430を運転した時、その疑問は氷解した。飛ばすわけでもなく慣れた道を走行していた時のこと、積もった落ち葉がきっかけとなり、いきなりリアがスライドし、あまりにもスライドスピードが速かったため、トラクションコントロールの制御が追い付かない状態に陥った。必死に立て直す操作をしながら、挙動の素性は360と同じことと、リアは360より重いことを感じ取った。まさに体で覚えた挙動である。

何事もなくコーナリングしているつもりでも、水面下では、ASR、E-デフ、可変ダンパーが連携し目まぐるしく作動を続け、その結果演出された安定感ということだ。普段はそれを感じさせないが、牙を剝くと相当手強いので注意されたし。

458……………………………………… 458最大の特徴はダンパーの項でも述べたとおり、ダンパーの減衰可変量が今までとは桁違いに大きいことで、それを駆使してセッティングされた458の挙動は独特である。低速走行ではフワフワした感触だったのが、スピードを上げるほど固くなりストローク感がなくなる。コーナリング時の制御で印象に残るのは、ステアリング操作時に、過敏なほどクイックなノーズの動きと、アクセルONでリアが急に柔らかくなり、大きく沈み込むことだ。458の大パワーを受け止めるため、またダイレクトな操作感を演出するために、状況に応じてダンパーが積極的に車の姿勢をコントロールしている結果である。

488は、458とサスペンション部品に共通パーツが多いことから想像していた通り、458と同様なセッティングであったが、受ける印象は458とは違うことに驚いた。低速時は相変わらずステアリングがクイックで、ピッチング方向の動きが大きく、458と同様な操作感だが、先代の458より100PS近くパワーアップされた上、ブーストが上がると一気に吹け上がり暴力的な加速をする488のエンジン特性においては、458では大げさに感じられたリアサスペンションの動きが丁度よい。急激に立ち上がるパワーを上手く吸収してくれるため、同じような傾向のセッティングでも、488では頼もしく感じられる。

458やF12以降の新世代フェラーリは、姿勢変化やタイヤの空転制御が普段の走行でも深く入り込み、従来のスプリングやアームの動きなどから想像する、機械的な素性が私の運転レベルではわかりにくかった。そのため、現代のモデルになるほどボヤっとした解説になってしまった。

以上でサスペンション編は終了し、次はブレーキ編に移りたい。

3 ブレーキ

鉄製ブレーキローターの歴史 ❶

（F355まで）

ABSの電子制御部分は電装の項で述べたので、ここでは機械的な事柄を中心に話題を絞り、各章同様フェラーリ独自な事柄を選び解説したい。

まずは鉄製ブレーキローターを用いるF430までの各モデルを中心に解説してみたい。

フェラーリでは1960年代後半以降、すべてのモデルが4輪ディスクブレーキである。その後、ABSが登場するまでは進化のペースが遅く、新しいモデルが登場してもブレーキは従来品のままというケースが多い。ABSの登場前は、あまり制動力を上げると、ロックしやすくなるデメリットの方が大きかったのであろう。エンジンが発生する負圧を動力としたブースターが装着されるが、アシストは少なめでペダルタッチは固く、思い切り踏んだ時だけロックする程度の制動力であり、現在の車とは大幅に感覚が異なる。

Dino246GT中期～308のブレーキキャリパーは、ATE製の対向2ポットで、リアキャリパー内部にはサイドブレーキ機構が組み込まれる[Fig. S-36]。

このサイドブレーキは利きが悪く、坂道で止まらないからと力一杯レバーを引いた結果、レバーが折れた例が何件かあったほどで、駐車の際はギアを入れておくことが必須だ。

その後328では、なぜか対向ピストンが廃止となり、片押しキャリパーに退化した[Fig. S-37]。

リアローター内部には独立したドラムブレーキを設け、それをサイドブレーキとする構造になり、V8ではF355まで使われた[Fig. S-38]。

12気筒では同じ機構を1970年代あたりから採用し、基本構成はF12など40年以上経った現行モデルでも同じだが、作動させる方法は、従来のブレーキレバーから、スイッチで作動するモーター駆動へと進化している。

ミッドシップ12気筒の365BBからテスタロッサまでは、ほぼ同一のブレーキが15年以上にわたり使用された[Fig. S-39]。

4輪ともキャリパーは対向4ポットの鋳鉄製で、ローターはホイールがセンターロックか5穴かによる、固定方法の違い程度だ。

当時のブレーキを振り返るとABSの有り難さがよく分かり、他の章でも強調していることだが、電子制御が進化した恩恵を感じる。パニックブレーキでロックを回避する制御が可能になった結果、制動力を上げても安全性を確保できたということだ。

348とF355のブレーキローター、キャリパーは、形状の互換性を持つ[Fig. S-40]。

348では、ATE製とブレンボ製のキャリパーが混在し、仕向け地でメーカーを使い分けていたが、その理由は不明である。F355以降は、フェラーリすべてのモデルにブレンボ製のブレーキが装着される。

鉄製ブレーキローターの歴史 ❷

（F430まで）

ここまでは、フェラーリはブレーキが利かないと言われていた時代の話だ。本格的にブレーキの進化が始まったのは、360や512TRからである。

F40やF50などのスペチアーレでは、すでに大径ローターを用いていたが、カタログモデルでは512TRや360から、18インチホイール内にいっぱいまで拡大されたドリルドのブレーキローターと、大型のブレーキキャリパーが採用された［Fig. S-41］。

ドリルドローターは、ハードなブレーキングを続けると穴の周辺からクラックが発生するデメリットを持つ。特に512TRは重い車なのでブレーキに掛かる負担も大きく、サーキット未走行でもクラック発生の例がある。その後のモデルでは、穴を小径化し数を減らすことで対策されている。

360以降は、ブレーキブースターが強力になった。

かつてのフェラーリは、上記の通り踏んだ分だけ利くブレーキであったが、360以降はブースターのアシストが強く、制動力の立ち上がりが早い。そのため360の登場時には、それまでのフェラーリのつもりでブレーキを踏むと急ブレーキになってしまい、アクセル応答の悪さと相まって、加減速を一定に保つのが難しく、乗りにくい印象であった。その後のモデルもブレーキタッチに関しては同様であるが、いつの間にか慣れて、代わりに昔のモデルはブレーキが利かない印象が強くなった。

360とF430のサイドブレーキは、ドラム方式が廃止され、サイドブレーキ専用のキャリパーが装着されるようになる［Fig. S-42］。

従来はホイールとハブの間に収められていたサイドブレーキ機構が占有するスペースを削り、サスペンションアームの伸長に充てる目的のようだ。

このサイドブレーキ専用のキャリパーは、パッド面積が小さいため利きは悪く、坂道でギアを入れずサイドブレーキだけで駐車するには心許ない。

F1システムでは、ニュートラルでエンジン停止すると警報音が鳴ることから、ギアを入れたままエンジンを停止し、サイドブレーキとの併用を前提としている。

カリフォルニアや458以降は、サイドブレーキ機構はモーター駆動になり、停車時は自動でパーキングポジションに入りサイドブレーキも掛け、スタート時には自動でサイドブレーキを解除する機能が備わる。

これは、ベントレーなどの高級車には以前から装備される機構で、それまで快適装備には割と無頓着であったフェラーリも、スポーツと高級化の両立を進めていることが分かる。

オート機構が壊れサイドブレーキの解除が不可能になった時は、手動で解除して走行可能である。

360のブレーキローターは、後期型からハブへの取り付け部に肉抜き加工が施され、若干軽量化された[Fig. S-43]。

これは、360の動きづらい素性を持つサスペンションを、多少なりとも軽量化することで改善しようという、努力の結果である。だが、このローターを初期型に取り付けても、違いは体感できなかった。

F430ではブレーキローターの材質を鉄かカーボンで選択できるが、鉄の場合は360で進化は止まり、同じ部品を用いている。

その間、カーボンブレーキは大径化や信頼性向上など、早いペースで進化を続けていたのが対照的である。その理由はふたつ考えられ、これまで解説した通り、バネ下重量の増加を極端に嫌う設計思想のため、これ以上ローターを大径化しなかったことと、以降のモデルはカーボンブレーキ装着を前提としたため、進化させる必要がなくなったからであろう。40年以上続いた鉄製ブレーキローターは、F430以降で主役の座を降りた。

ブレーキの寿命

F355までのブレーキパッドは驚くほど寿命が長く、サーキットを走らなければ50000kmくらいは無交換で済むことが多い。そのため、旧いモデルは摩耗による交換より､経年により摩擦材と裏板の接着が剝がれる等の理由で交換する例が多く、フェラーリならではの現象と言える。

360以降は、ブレーキパッドの厚みが新品でも10mmくらいで、以前より3割程度薄くなった上、ASRが作動するとペダル操作に関係なくブレーキをかける制御も行うので、トラクションコントロールの作動回数が多いと減りが早い。そのため交換頻度は高くなり、F355以前の半分位の距離で交換するイメージだ。512TRやマラネロ系も、重い車体を止めるためブレーキに掛かる負担が大きく、360と同等の頻度で交換になる。

ブレーキローターも基準値まで摩耗したら交換になる消耗品だが、360以前のモデルはブレーキパッドと同様、サーキット走行しなければ摩耗は遅い。

そのため旧いモデルの場合は、摩耗よりブレーキジャダー発生でローター交換になるケースが多い。一般的にジャダーは、ブレーキをロックさせた時にローターが偏摩耗することで起こるが、他に、フェラーリならではの使用環境も原因となる。それは、不動の期間が長いとローターとパッドの間に錆が発生するためで、動かさない期間に応じ、ローター表面の腐食が進み凸凹は大きくなる[Fig. 5-44]。

その場合、ローター表面を研磨しての修正は可能だが、削った後でも摩耗限度値以上の厚さを確保できることが条件となる。たいてい、新品から1.5mm程度摩耗すると限度値になるので、たとえば、新品ローターでも片面の削り代(しろ)0.5mmで研磨すると残りは0.5mmであり、意外と余裕がない。

さらに、研磨には高い加工精度が必要である。経験上、ローターをハブに組み付けた状態で測定し、振れが2/100mm以下に収まらないと、完全にはジャダーが解消されない。

以上の理由から、私はジャダーが出た時はローター交換をお勧めしている。

純正ブレーキパッドでのサーキット走行

純正のブレーキパッドは上記の通り、通常の使用環境においては長持ちするが、サーキット走行すると途端に摩耗が早い。これは、サーキット走行時に上昇する温度までの耐熱性を、純正ブレーキパッドは持たないためだ。ノーマルパッドで真剣に走れるのは、せいぜい2～3周で、その後はクールダウンしながら走行しないと、ブレーキパッドが溶けたり、フェードを起こしたりする。

耐熱が600℃前後のブレーキパッドにすれば、不安は少なく周回できるのだから、純正パッドの耐熱温度は、そのはるか下である。サーキット走行前には、耐熱性の高いブレーキパッドに交換することを強くお勧めする。

かといって、闇雲にブレーキパッドの耐熱温度だけ上げても無意味である。パッドは大丈夫でも、発生する熱が他の部分に影響を与えるため、キャリパー内部のフルードを沸騰させる、ローターの耐熱温度を超えクラックが入る等、次に弱い部分へ皺寄せが来る。サーキットでフェードしないブレーキを作るには、耐熱を上げるだけでなく、ダクトの設置等で冷却も行うトータルバランスが重要である。

以上が、ブレーキの概略と鉄ブレーキ時代の解説だが、機械的な構造は、いわゆる枯れた技術のため、特筆する事柄は意外と少ない。

次に、各モデル特有のウィークポイント解説に移りたい。

鋳鉄製キャリパーのトラブル

V8は328、12気筒ではテスタロッサ以前のモデルに装着される鋳鉄製キャリパーは、動かす頻度が低いとキャリパーとピストン間が錆び付き動きが悪くなるため、ブレーキの引きずりを起こしやすい[Fig. S-45]。

最悪はブレーキロックして車を動かせないまでになるが、軽症の場合に気が付かず走行すると危険である。引きずっている箇所は大量の熱を発生するため、走行中にブレーキパッドやローターが焼け、煙が出るケースが何例かあった。

その対応法として、長期保管等でブレーキの引きずりが疑われる場合は、走り出す前にまず歩くくらいのスピードでクラッチを切り惰性で走行し、その時の減速度に違和感がないか確認している。

引きずっている場合は、キャリパーを外してピストンを抜き、錆を落としてからシール交換すれば改善されるが、また長期間置くと同じ事になるため、同時にキャリパーの再メッキを行うことが望ましい。

マスターシリンダーの定期交換（Dino　308）

Dinoや308に使われるマスターシリンダーは、4〜5年を目安に早期の定期交換を強く推奨したい。

通常のマスターシリンダーは、油圧を発生させる部分にカップ形状のシールを用

い、油圧が掛かるとシリンダー内部にシールが押し付けられることで、さらに密着性が上がるのに対し、このマスターシリンダーは丸断面のOリングを使用するため、上記効果は得られず、Oリングの劣化に敏感である。そのため、ブレーキペダルに踏み応えがなく奥に入ってしまい全然ブレーキが利かない、いわゆるマスター抜けのトラブルが他のモデルより多い。

強く推奨するのは、自身の恐ろしい体験が基になっている。

Dinoのエンジンをオーバーホールした時のこと、エンジン慣らしのため首都高を走行中、コーナー入り口で上記の症状になった。ブレーキがまったく利かないまま、みるみる赤い矢印が並ぶコンクリートの壁が迫る状況は、今思い出しても恐怖である。

幸い、シフトダウンとサイドブレーキ操作で、どこにも当たらず済んだが、その後しばらくは滝のような冷や汗が止まらなかった。

その後、何回かペダルを踏むと何事もなかったように復活したのだが、また抜けたらと思うとブレーキを踏む気になれず、サイドブレーキで60km/hに調節しながら走行を続け、やけにインターが遠く感じられた。それからというもの、Dinoや308が入庫した時は、真っ先にマスター交換歴を調べるようになった。

この件で、年配の人が口うるさくブレーキに拘る意味も理解できた。当時は、そう珍しいことではなかったのだろう。ブレーキが利くのは当たり前で、パッドが減るまではメンテナンスフリーという現在の感覚は、クラシックカーには通用しない。

バキュームポンプ作動不良（512BB　テスタロッサ）

512BBやテスタロッサは、ブレーキブースター動力になる負圧を、一般的なエンジン吸気の他に、カムの後ろにスプラインで結合された、機械式のバキュームポンプからも発生させる。その結合部が折れ、バキュームポンプが作動しなくなる例が多い。

作動しなくても、ブレーキの効きが多少悪くなる程度なので、そのまま気付かず走行しているケースが多く、たいていの場合、タイミングベルト交換などエンジンを分解した時に発見される。

この部品は修復不可能なため交換になるが、何年か前に交換した時は30万円くらいの品で、現在はさらに値上がりが予想される高額部品だ。

ブレーキペダルが戻らない(TR系)

なぜか512TRとF512Mの2車種は、ブレーキペダルを離した時、ペダルの戻りが極端に遅くなる症状が出やすく、ブレーキを踏み直す状況で足の動きにペダルが追従しなくなるため、コントロールが難しくなる。

ブレーキペダルはクラッチペダルともども、それぞれのマスターも纏めてアルミ鋳造のボックスに取り付けられ、両ペダルはボックスを貫通する太いシャフトを支点とする構造である。これは多くのフェラーリに採用され、上記2車種も同様である。

その、ペダルとシャフト間のクリアランスが、なぜか上記2車種だけは狭く、潤滑のため塗布してあるグリスも固まりやすいことが原因である。

その時は一回ペダルを分解し、軽く動くようラッピングしてクリアランスを調整した後、グリスを交換すれば直るが、ブレーキペダルを外すには、まず上記ボックスをアッセンブリーで外すため整備性が悪く、部品代は掛からないが工賃は高い作業になる。

ブースター不良(360)

360の初期は、バキュームのブースターがまったく作動しなくなる例が多かった。360のブースターは強力なので、それが作動しないとペダルは極端に固くなり、ブレーキの効きも相当悪くなる。エンジン始動時に普段よりペダルの踏み応えが固く、いつのまにか復活するという前兆から、その頻度が増し症状が進むので、最初の時点で対処するのが望ましい。

原因はたいてい、エンジンのインテークマニホールドに取り付けられる、バキュームチェックバルブ(負圧の逆流を防止するバルブ)の不良である。バルブ内部が固着し配管を遮断するため、負圧は届かずブースターが作動しない。この場合はチェックバルブを交換すれば直る。

この部品は360後期以降で部品改良されたようで、部品交換した車は年数が経っても再発しなくなった。

ブレーキホースは消耗品

ブレーキホースは、ブレーキフルードの高圧を受けながら、サスペンションアームやステアリングの動きに同調した曲げ伸ばしの力も常に受けるという、過酷な環境で働く部品である。フェラーリの場合、特に交換時期は指定されないが、消耗品として扱い定期交換すべきだ。

純正のブレーキホースは3重構造で、もっとも内側の管をフルードが通り、次にメッシュ、表面は内部保護のゴムがコーティングされる。

振動や収縮で一番内側の損傷例が多く、その場合は表面ゴムとの間にフルードが溜まるので、ホース途中に腫れたような膨らみが発生する。

このトラブルは最近までF355に多く起きたので、通常走行での平均寿命は15年程度と思われるが、その半分位の年数で交換することをお勧めしたい。

そろそろ360やF430が同時期に当たるので、点検等の際には交換メニューに入れておきたい。

純正キャリパーオーバーホールキットが設定なしの理由(348以降)

348以降のアルミ製ブレーキキャリパーは、純正でキャリパーオーバーホールキットを設定していない。フェラーリのルートではなく、ブレンボの品番で注文すると容易に入手できるにもかかわらずだ。それは、キャリパーは消耗品のため、オーバーホールせずに交換して欲しいという、フェラーリからのメッセージと解釈している。

フルブレーキ時に、キャリパーが少し広がり逃げることで、絶妙なブレーキタッチを演出しているのが、ブレンボ製品の特徴である。

そのような特性を持つキャリパーは金属疲労が早い。疲労すると剛性は下がり、それまでより少ない力で広がるため、ペダルのタッチはフルブレーキ手前で抜けるような感触になり、コントロール性が悪化する。

これが消耗品扱いされている理由だろう。剛性の低下は交換以外に解決できないということだ。そんなフェラーリならではの交換基準は、性能維持のため妥協をしない真っ直ぐさに溢れている。

レース経験者なら、その重要性は理解できるかもしれないが、一般的にはフルブレーキ時のコントロール性云々とは無縁であろう。経年によるタッチの変化が気にならなければ、オーバーホールは可能である。

カーボンブレーキの特徴

スーパーカーでは一般的になったカーボンブレーキだが、小径の製品はなくホイールサイズは19インチ以上が前提となり、しかも高額部品である。そのため普通の乗用車には採用例がなく、まだまだ馴染みは薄い。

特性や取り扱いも独特なため、独立した項を設け鉄製ブレーキとの違いを中心に、以下解説してみたい[Fig. 5-46]。

フェラーリではEnzo（2002）以降、各モデルで採用され、F12や458以前はオプション設定である。カーボンのブレーキは最新のイメージだが、それから20年近く経つので、意外と長期間使われている。

カーボンローターは、カーボン繊維を積層し焼き固めた後、切削成形を経て完成する。他のカーボン製品同様、剛性は高くても刃物で削れるほどに柔らかい素材のため、鉄ローター並みの耐摩耗性を確保するには、パッドの摩擦力や圧着力の上限を鉄ローターより低く設定しなければならない。そのため、意外に思われるかもしれないが市販車用では、同径でパッドの面積も同じなら、鉄ローターの方が制動力は高い。

そんな特性を持つ素材で制動力を高めるには、単位面積当たりの摩擦力を大きくできない以上、必然的に摩擦を発生させる面積を拡大する方向になる。そのため、ローターは大径化し、ブレーキパッドの面積も鉄ローター用の2倍程度になり、その大径ブレーキを収めるため、ホイールは19～20インチが前提となった。

モデルが新しくなるたびにローターとキャリパーは大型になり、制動力向上の改良は続けられている。

カーボンブレーキ最大のメリットは、大径化しても軽量なことである。要は、同じ径なら制動力は鉄の方が高く、同じ利きならカーボンの方が軽量ということだ。それがバネ下重量の軽減に繋がり、運動性の向上に大きく寄与した[Fig. 5-47]。

カーボンローターは、鉄より温度変化に敏感である。冷えている時は制動力の立ち上がりが悪く、走り始めは温まった時よりブレーキが利かない。対応としてブレーキの暖気が必要で、タッチの変化を意識しながら、ブレーキを長めに何回か踏む操作を私は行っている。

温まると、通常のブレーキ操作範囲での違和感はなくなるが、フルブレーキング時は温度にかかわらず独特である。鉄ローターの、踏めば踏むほど食い込むように制動力が増える感じではなく、どんなに踏力を増しても一定以上の制動力にならない、まるで制動力リミッターが装着されているかのようだ。

これらの特性は、旧いモデルに遡るほど顕著なので、違和感を解消する改良は進められ、効果を上げていると言える。そのため、現在360ストラダーレを運転すると、かなり乗りにくく感じられる。

また、一見錆とは無縁そうであるが、長期保管するとブレーキパッド表面は錆び、その状態の時は操作に注意を要する。

上記の状態でブレーキを踏むと、まるで砂でも噛んでいるようなゴリゴリしたタッチを伴い、少し走行して錆が落ちてくると利きが滑らかになる。まだ錆が落ちていない時に強くブレーキを踏むと、錆をローターに強く押し付けて傷になるおそれがあるので、最初は柔らかくブレーキを踏み、滑らかになるまで馴染ませ、その後に上記の暖気を行うことが、カーボンローターのパフォーマンスを発揮させながら長持ちさせる秘訣である。

あと、パッドの面積が巨大で圧着力が低いデメリットもある。それは、ローターとパッドの隙間に異物が入ると、排出されにくいことだ。

それが、ブレーキの引きずりを起こす原因になる例は多い。たいてい、低速時にペダルを踏まない状態でブレーキが鳴く症状を伴うので、その修理依頼で引きずりが発見される。その時はパッドを取り外し、間に挟まった小石や錆などを取り除くだけで改善されることが多い。

最初に述べた通り柔らかい素材のため、引きずりを起こしたまま走行を続けると、挟まった異物が簡単にローターを削るので、ブレーキ鳴きには注意し早期の点検依頼を心掛けたい。

カーボンローター交換の基準

鉄ローターは、消耗するとディスクが薄くなるので状態は一目瞭然であるが、カーボンローターの場合、あまり厚みは変わらず、表面からカーボン繊維が剝がれていく消耗の仕方なので、慣れないと交換基準の判定が難しい。

そのため、フェラーリのカーボンブレーキ装着車は、メーターのコンピューターがディスクの消耗を前後独立して計算し、消耗が100%に達すると警告を点灯させ、交換を促す機能を持つ。ローター厚を直接測るセンサーは存在しないので、ブレーキを踏んだ回数や時間を基に計算している。

ローター交換しただけでは警告は消灯せず、テスターを用いたリセット作業が必要である。リセットは消耗100%でないと行えないため、たとえば前後の交換時期が100%と90%のように近くても同時交換はできず、次の警告点灯を待たなければならない。

360ストラダーレの初期型では、距離が延びるとローターとベルハウジングを固定する部分にガタが発生しやすく、その時はレーシングカーのフローティングローターのように、低速時にローターが遊びガタガタ音を生じる。この場合も要交換である[Fig. 5-48]。

現在のところは、サーキット走行する車でしか交換例がないので、一般道だけ走行した場合の寿命は不明であるが、ストラダーレ初期型以外は、平均40000～50000kmではないかと想像する。

サーキット走行で寿命が極端に短くなるのは鉄ローターと同様で、たとえば年間シリーズのレースに参戦する車などは、毎年交換する例が多かった。

高額な部品

カーボンローターの生産には専用の設備と高度な技術を要するため、参入メーカーは少なく、スーパーカー各社の純正指定はブレンボ社の独占状態である。そのためか、ローター、パッドともに高額だ。

現在は、ブレーキローター1枚で60万円台後半、ブレーキパッドは前後輪それぞれ20万円台前半で、1台分交換すると300万円を超える。それでも大分安くなった。採用された当初はブレーキローター1枚100万円であった。

スーパーカーを名乗るには、カーボンブレーキが標準という昨今の流れであるが、これだけ高額な消耗品を、バネ下軽量化のため惜しげもなく採用する姿勢には、た

だ驚くばかりである。

カーボン→鉄ローター変更のデメリット

上記の通り驚くほどの高額部品なのだが、ローター交換の際、安いからと同径の鉄ローターに変更することは、バネ下重量が極端に重くなるため、お勧めできない。

以前、同径の鉄ローターに交換された430スクーデリアで、驚くほどの性能ダウンを体験したのが、そう思うようになったきっかけである。

バネ下、しかも回転部分の重量が増すと、どのような動きに変わるかというと、まず重くなったローターを回転させるのに余計な駆動力を要するため、加速性能の悪化を体感できる。制動力は、さすがに大径だけあり低速時は十分に利くが、速度を上げると回転部分の慣性が急激に大きくなり、明らかに低速時より減速しない。スクーデリアの持ち味であるコーナリングの軽快感も損なわれ、ステアリング操作してから曲がり始めるまでの待ち時間が増加していた。デメリットだらけで、まるで別の車である。バネ下重量の重要さはよく聞く話だが、具体的に体験できたのは貴重であった。

この同径鉄ローターへの変更は、キャリパーはそのまま使い、サーキット走行でメンテナンスコストを抑える目的と思われるが、そのためにサーキットで必要な、加減速や旋回性能がすべて損なわれ矛盾する。

私見だが、運動性能を考えると鉄のローターは350mm前後がマックスだ。その径に抑え、手間だがキャリパーも小径に対応した品に変え、トータルバランスを取るべきである。

まとめ

以上で本章は終了である。

　タイヤから始まり、サスペンション、ブレーキまで、フェラーリ特有と思われることを選び解説してみたが、今回は範囲が広かったせいか、ともすれば表面的な題材になりそうなところ、敢えてマニアックな話も織り込むようにし、他では読めないものを心掛けたつもりである。

　私の独り言のように長々と続いた話も、いよいよ終盤である。

　最後まで気を抜かず書き上げていきたい。

Il Capitolo
Sei

第
六
章

その他

I Altri

Il Capitolo Sei

I Altri

はじめに

この章では、これまでの分類に当てはまらない事柄や、私が常日頃思っていることを題材にしてみたい。

　フリーテーマのため話題は飛ぶかもしれないが、これが最終章である。

　もう少しだけお付き合い願いたい。

旧車の注意点——取り扱いと購入

昔のモデルは魅力的ということを何度も述べてきたが、要注意なこともある。

以下の事柄は、昔のモデルを所有されているオーナーさんはご存じと思うが、昨今は旧車ブームの最中でもあり、初めてクラシック・フェラーリ購入を検討される方も多いと思い、そんな方々に向けての意味合いも含め書くことにした。

年式が旧いということは、構成している部品も使われている技術も、当たり前だが旧い。だから、作られた年代に応じた、当時は標準とされた取り扱いが必要だ。たとえば、エンジン始動の仕方、温まるまで入らないギアの取り扱い、エンジンの調子を悪くさせないアクセルワークなど、最低限の知識は要求される。旧いほど、きちんと走らせるためにドライバーの補助操作が必要で、それを知らないと、まともに走らないばかりか、車を壊してしまうことさえある。この前提を理解していないと、後のフェラーリ生活が必ず苦しいものになるので、最初に強調しておきたい。

イメージが湧かない時は、対象の旧車と同年代の電化製品と、現在の同様な製品の取り扱い方や機能を比較すれば、分かりやすいかと思う。

旧いモデルは、今まで過ごしてきた環境の違いや、前オーナーの扱い方による程度の差が大きくなるので、たとえ走行距離が同じだとしても、個体ごと機械的な程度はバラバラである。だから、年式や距離などの、一般的な中古車を判断する記号的な事柄は通用しなくなり、購入に際しては、まず現状を隅々まで的確に把握することが求められる。機械的なことでは、まずはエンジンのメンテナンスが定期的に行われていたかが重要だ。F1システム搭載車では、現状の作動状況やクラッチの消耗具合を確認するべきだ。点検記録簿や修理の履歴などが存在するかも重要なポイントだ。

他にも、単純に動いて止まるとか、車検が通るとかのレベルではなく、そのモデル本来の特徴が活きているかに関わる部分での、機械的な程度の良し悪しも重要だ。ステアリングや各ペダルなど操作系の重さや、操作に対して車の動き方が合っているかなどは、当時を分かっている人でないと、なかなか見極められないので、面倒でもプロなり当時を知る人に評価して貰うか、「分かっている」人物なりお店から購入した方がよい。

それに加え、即決せず飽きるくらいの台数を見て回り、比較検討することをお勧めする。何台も見るうち目も肥えるし、ショップの敷居も低くなる。

私がそこまで慎重なのは、程度の良し悪しで、個体が持つ価値と将来的にかかる費用は、それぞれ何百万円単位で簡単に変わるからだ。そもそも不動産に匹敵する価格の車を購入するわけだから、絶対に手間を惜しんではいけない。

車の程度が悪いほど、操作のしやすさ、車の動きなどが設計者の意図とは乖離(かいり)し、同じ形をした別の「何か」になる。運転する楽しさを五感に訴えるフェラーリは、各部の繊細なバランスで成り立っているので、それが顕著である。だから、程度の悪い車を評価ベースにして、フェラーリは期待外れだったと思われるのは、大変残念だと思う。

また、コツコツ直しながら乗るという維持のしかたは、1回当たりの修理費用が抑えられても、延々と修理が続いてしまいがちで、同じ箇所を何回も分解することになり、結局のところトータルの費用が嵩むことになる。機械的な部分は購入当初に、全部メンテナンスしてしまった方がよい。

そうすると、消耗品のスタート地点がすべて同じになるので後々の管理が楽になるだけでなく、車そのものも最良の状態から楽しむことができ、そうして初めて設計者の意図をあますことなく感じることができるからだ。

保管場所――乾燥した冷暗所

繊細なフェラーリは保管に気を付けないと、全体的な劣化が進みやすいことはご想像の通りである。

湿度の低い冷暗所がフェラーリの保管には望ましい。日光に当たっている時間が長いと、まず内装部品がダメージを受ける。たとえば、バックスキンは色褪せて白くなり、内装のグレー塗装部分がべたついてくる。

保管中の湿度も悪影響を与える。内装に多用されている革にカビを生やしてしまう上、機械的な部分にダメージを与える原因になる。

ボディーカバーをかけて外に置くことが、いちばん湿度のダメージを与えやすい。地面から上がってきた蒸気が、ボディーカバー内部に溜まり、逃げ場がなくなるからだ。

フェラーリに使われている部品の防錆処理は、日本車ほど徹底されていないので、サスペンションの鉄製部品から簡単に錆が発生する。下回りの錆の状況を見れば、どのような場所で保管されてきたか、大体の想像はできるくらいだ。

それに加え湿度で怖いのが、クラッチの貼り付きだ。クラッチは、強力なスプリングによりフライホイールに圧着されている。湿度が高くなると、圧着部に錆が発生することで、その錆が接着剤の役割をしてクラッチが切れなくなってしまう。湿度が多い環境で半年動かしていなかったら要注意になる。

MT車ならば、多少のクラッチの貼り付きならアクセルとクラッチをうまく操作しながら一度ギアを入れることで、分解せず貼り付いたクラッチを剝がすことが出来るが、F1システムの搭載車では、クラッチを分解して錆び付きを落とさないと直せない場合が多く、たいていミッション脱着を伴う大掛かりな作業になる。

置き場所の環境次第で、後のメンテナンスコストが大きく変わることは、日本車の感覚では信じられないかもしれないが、本当の話である。

高リスク・高コストのトラブル予想

これまでの解説や最近体験した症例から、今後起こりうるトラブルでリスクが高いものや、解決するには高額な出費を要するものを予想してみたい。

フェラーリの中古車相場は、伝統的にV8より12気筒の下落が大きいなど、メンテナンス費用が織り込み済みのように感じるので、ひょっとすると、これらの症例で将来の中古車相場を予想できるかもしれない。ここのところ、私が心配する将来的に弱い箇所は4つに絞られる。

- プラスチック素材のフユエルポンプからのガソリン漏れ（360や612以降から現在まで）
- カリフォルニアT以降、新世代ターボエンジンのオイル漏れ修理（詳細は、エンジンの章を参照）
- 駆動系で解説した通り、機械的に簡略化した構造を電子制御でどうにかしようというコンセプトの、四駆PTUシステム（FFやGTC4ルッソ）
- ケース内部に装着されるセンサーの脆弱性や、そもそもクラッチは消耗品であるDCTトランスミッション(458、F12、カリフォルニア以降全てのモデル)(詳細は、トランスミッションの章を参照)

これらのうち、3つ該当するのはカリフォルニアT、488、FF、GTCルッソ(同Tも含む)の5モデルとなり、時間が経つにつれトラブルとその修理にかかる時間や費用が増大していくことが予想される。488もカリフォルニアTと同じリスクを抱えているが、ミッドシップは中古車相場価格が他のモデルよりも落ちにくいことが救いである。これらの5モデルは、現在でいう456GTAのような、維持するにはオーナーさんは金額や時間で、直す方も難易度で苦労するという、厄介な車という位置づけになる可能性が高い。

エアバッグ

エアバッグは、電装品と火薬が複合したシステムのため、最終章の題材とした。フェラーリでエアバッグが初めて装着されたのは、V8でF355の中期モデル以降、12気筒は456GTや550マラネロ以降であり、1996年前後を境としている。

装着初期から程なくして、システムを生産するメーカーが変更され、現在ではメーカーが変更された後の部品しか供給されないので、初期でコントロールユニットが壊れた場合は、他にハーネスなども交換が必要になるケースもある。

当初はステアリングと助手席側ダッシュボードの2点のみであったが、年々数は増えていき、360や575Mでシートベルトのプリテンショナーが追加、458や599でサイドエアバッグが追加され現在に至る[Fig.6-1]。

カリフォルニアは、360やF430のスパイダーモデルのような、固定式のロールバーがなく、エアバッグ同様クラッシュの信号を検知した時に火薬で飛び出すタイプのロールバーが装着されている。これは、普段はヘッドレスト後方に何もないデザインを優先したという、実にフェラーリらしい構造だ。

エアバッグが開く事故に遭うと、コントロールユニットにダメージをランク分けしたメモリーが残り、ランクが高いと開いたエアバッグを交換しただけでは警告灯が消灯しないので、同時にコントロールユニットの交換も必要になる。

フェラーリでも例にもれず、タカタ製エアバッグに翻弄されることとなり、

2015年からエアバッグのリコールが激増して、つい最近まで対応に追われ続けていた。

フェラーリの方向転換――カリフォルニアの意味論

カリフォルニアは、それまで存在しなかったV8でFRのオープンモデルとして、新規に登場したモデルだ。フェラーリは、12気筒FRとミッドシップV8だけのラインナップを、頑なに守り続ける保守的な会社と思っていただけに、カリフォルニアが登場した時は驚きであった。かつて12気筒しか製造しないと公言していたメーカーが、308というミッドシップV8を登場させたインパクトの方が大きかったであろうが、今までのフェラーリとの異質さを大きく感じるモデルなので、独立した項を設けた[Fig. 6-2]。

多車種を展開し、裾野を広げる方向に舵取りした結果、カリフォルニアは登場したのだろうが、まず、その背景について考えてみたい。

多車種化のメリットは、売れなかった場合のリスクヘッジと、総生産台数を増やすことであろう。以前はイタリア国内メーカー同士の競争であったのが、いつのまにかスーパーカーといえども、世界中のライバルが相手だ。その状況に即し、カリスマが創業した宗教的とも言える車を少量造る会社から、ポジションは維持しながら「普通」のグローバルな自動車メーカーに変革し、生き残りを図る過程なのではないか。カリフォルニアの登場とニューヨークでの株式上場が、私にはその象徴に思える。

そうして登場したカリフォルニアは、観察すればするほど、AMG SL55(以下、SL)を詳しく研究し、それを手本に作り上げたと想像できる類似点が多い。まずはルーフの開閉や、開いたルーフをトランクへ収納する機構は、SLとデザインまで酷似していることに驚いた。

その後詳しく見比べると、車両全体のシルエットや室内空間、たとえばリアシートスペースの取り方など、造形のバランスも似ていることに気付く[Fig. 6-3–5]。

大きく異なるのはミッションの搭載位置で、SLはエンジン後方に位置するのに対し、カリフォルニアはトランスアクスル方式である。SLはミッションを逃がすため設けられた巨大なセンターコンソールが圧迫感を生むが、カリフォルニアはトランスアクスルのメリットで、両シート間を遮る物がなく開放感を得ている[Fig.6-6]。

このことも、研究の結果SLのネガティブ面を改良したのではと深読みするほど、両車は類似している。

2000年代はSLの全盛期だったので、その時から開発を始め6〜7年かけて完成したということか。想像は尽きない。

走りは、ツアラーのキャラクターが濃い612と同様、それほど加速やコーナリング性能を追求していない。カリフォルニアという地名がイメージさせる、オープンで流すにふさわしい仕立てである。

ほぼF430と一緒のエンジンスペックだが、ミッドシップモデルより約300kg重いため、加速は360より多少速い程度、サスペンションの固さも612と同等で、コンフォート方向である。そのため最近のフェラーリにしては珍しく、高速域では路面の継ぎ目やうねりで腰砕けになり、不安定な挙動を示す。

また、V8ミッドシップモデルと比べ、性能向上に関わる部品が簡素化されているのも特徴で、特にウエットサンプのエンジン潤滑方式は328以来である。

上記の傾向は初期型に遡るほど顕著であったが、カーボン部品等のオプションアイテムが増え、カリフォルニアTではターボモデルになり動力性能がアップし、スポーツ路線を少しずつ強めている。その後、デザインが一新されたポルトフィーノ、クーペモデルのローマが登場し、他メーカーよりペースは遅いものの、多車種展開が着々と進められている。

ダウンフォースと空力処理

空力については、どの章に分類するか迷ったが、最終章の題材としてみた。

フェラーリの空力的な進化が始まるのは、ミッドシップ登場の後である。その過程を紹介してみたい。

328やF512M以前のミッドシップフェラーリは、フロントバンパー後ろからエンジン前までのフロア下にアルミ板を貼り付け、見事なまでの平らな造形であった。そこから後ろの、エンジンやマフラーは冷却を考えてだろうと思われるが、下部は剝き出しである[Fig.6-7]。

フラット化によるボディー下面の空気抵抗減少が目的で、フロントスポイラーはリフトを多少抑える程度なので、ダウンフォースは発生しない。

そのため、当時のミッドシップフェラーリは、速度を上げるに従いボディーがリフトし前上がりになる。それは、ハンドルが軽くなり目線が少し上がることで実感でき、そこから上の速度では、フロント接地感の乏しさと相談しながらの、繊細なステアリング操作が必要になる。

1970年代前半の12気筒ミッドシップ登場時から、エンジンパワーは最高速200km/h台後半が可能な実力を持っていたのに対し、空力は現在のレベルには到底及ばない。それは後のモデル、F430や458などを運転するとよく分かる。

いちばん怖いモデルはテスタロッサである。タイヤ幅が広いため、上記のフロントリフトに加えて路面の轍(わだち)の影響を受けやすく、180km/h以上では1車線分位横に飛ぶこともある。テスタロッサが現行だった当時、最高速テストをした雑誌の記事があったが、テストドライバーに尊敬の念を覚えたほどだ。

F355ではフロア下全体をベンチュリー形状にする空力部品を装着し、ダウンフォースの発生を狙うが、エンジン下部は剥き出しのままである。効果のほどは、リフト量が348と比べて減った程度で、ダウンフォースまでは実感できなかった［Fig. 6-8］。

フロア下の形状を追求し、ウイングを装着しないのは、デザインに拘るフェラーリらしい。フェラーリでリアウイング付きの車種は、F40とF50。可変も入れてもEnzoとLa Ferrariだけである。それはスペチアーレの特権なのだろうか。

スペチアーレでも、前後バランスよくダウンフォースが発生するのは、F50以降である。F40の巨大なリアウイングは効果大だが、前後バランスはよいと言えず、200km/hを超えた辺りからフロントがリフトする。

360でボディー下部の空力処理が大幅に進化し、それまで剥き出しだったエンジン下部も、すべてパネルで覆われる［Fig. 6-9］。

タイヤ前方のフロントバンパー下部はウイング形状になり、リアのディフューザーも大型化した。その甲斐あり、ダウンフォースを体感できるようになった。

ベンチュリー効果でダウンフォースを発生させる構造上、地面とボディー下部の距離の変化に応じ、ダウンフォースの発生量も大幅に変わるため、車体のピッチング方向への姿勢変化が大きいと危険である。その対策として360以降は、地面との距離が加減速で大きく変化しないサスペンションの配置であることは、「第五章 足回り」で述べた通りだ。

ボディー下部と地面の距離が近いほど、ダウンフォースの発生量は多くなるので、最低地上高を10cm程度確保しなければならない市販車は、ベンチュリー効果だけでは、かなり高速でないとダウンフォースは発生しない。

それが360は顕著で、200km/hを境にスイッチが入るようにダウンフォースが利き始める。その手前の、180km/h付近が空力的にもっとも不安定で、リフトによりフロント荷重が抜けた状態になる。日本の環境では、空力的に不安定な速度域ばかりで走行することになり、360本来の空力性能を体感した人は多くないと思われる。

その後、F430ではフロントバンパー、ディフューザーの形状変更やフィンの追加などで空力性能を向上させた[Fig. 6-10–13]。

458ではさらに、フロントグリル内にウイングを追加され、458スペチアーレでは、モーター駆動の可変ディフューザーも採用されるなど、空力的な改良が進んだ[Fig. 6-14–15]。

488ではフロントバンパー下の形状がフラットとなり簡素化されたが、458スペチアーレで採用されたモーターによる可変式のディフューザーを装備する[Fig. 6-16–18]。

ボディー下部の各所に貼られた整流板は、これまでのフェラーリには見られなかったものであるが、他メーカーのスーパーカーにも多く採用されているため、ボディー下部を複雑な造形にするよりも手軽で効果が高い手法なのかもしれない。よって、ボディー下部を繊細に造形したピークとなるモデルは、458スペチアーレだ。

それらの効果で、速度に対してダウンフォースはリニアに増加するため、360以前の怖さは以降のモデルでは感じなくなった。

以上をまとめると、フロント荷重が少ないミッドシップモデルは、空力に神経質なほど気を使い、フロントタイヤを空気の力で地面に押し付けることで、初めて超高速域の安定性を確保できる。そして意外に思われるかもしれないが、フェラーリが空力的に完成されたのはF430以降と言える。

長期間フロントのリフト対策で苦労を続けたミッドシップに対し、FRは昔のモデルでも高速域で怖い思いをすることがなかった。割と最近のモデルである、599のボディー下部の空力処理を観察しても、フロア下はマフラーなどが露出し、完全にフラットでもなく、フロントバンパー下部の処理も、ミッドシップの神経質と思える位の繊細さでは煮詰めていない印象を受ける。フロントにエンジンという重りが存在するため、高速域でフロントがリフトしにくいという、FRならではのメリットが存在する。

車両重量考

公式発表の車重は、信用できない。

並行輸入車の新規登録の際、陸運事務所で何回か車重を測定したが、公表している値より実測値が重いので、そのたびにカタログデータの車両重量はいい加減だ、と思っていた。そこで、具体的なデータを基に、各車種の車検証記載値と公称値の差を比較してみたい。

ただ、カタログの表記は乾燥重量なのに対し、車検証の車重はガソリンの重さだけを除いた重量である。まずは条件を揃えるため、カタログデータにオイルなどの重量をプラスしてみる。

大雑把だが、エンジンオイルが10kg、ギアオイルが5kg、F1システムなどのギアを作動させるオイルと、パワステ、ブレーキフルードを合わせて5kg、冷却水が15kgで、以上合計が35kg。フェラーリはオイル容量が多いので、結構な重量になる。

他に、取説やボディーカバーなど車両の付属品、あとナビなど。きりがよいところで15kgとし、カタログデータの乾燥重量に一律50kgをプラスし近似値とする。

それを表にしてみた[Fig. 6-19]。

実測値は公表値より、おおむね100～200kg程度重いことが分かる。

驚いたのはF50で、鉄製シリンダーブロックの12気筒エンジンながら車重は軽く、公称値との差もいちばん少ない2桁に収まる。全身カーボン製という、普通ではないこだわりの成果が表れている。

F430、カリフォルニア、FFは、明らかに重い車の挙動なので想像通りだ。

F430以前の歴代フェラーリV8は、スパイダーモデルを除き1400kg台を維持し、軽快さが持ち味であったが、F430からは、それが少なくなっていた。カリフォルニアは、F430と同じようなエンジンスペックにもかかわらず、F430より明らかに直線加速が遅いので、かなり重いだろうと想像していた。

もう少し細かく検証すると、MTとF1の重量差にはカタログは言及していない。F1システムの部品点数は多く、なかには重い部品もある。車種によってはF1システムの方が50kgくらい重くなるはずだが、特に公称値は変えていない。さらに、ベルリネッタとスパイダーでも車重が違い、ボディー補強や幌の作動部品が増えるため、スパイダーの方が重くなる。

以前、並行車の新規登録でF355スパイダーの車重を測ったところ、1500kgを超えていたので驚いたこともある。ということは、上記の両方であるF1システムのスパイダーは、ベルリネッタのMT車より100kg重くても不思議ではない。

特にF355は、MT車同士の比較でも、後期型はバンパーの材質変更で初期型より30kg前後は重いので、初期型と最終型のF1システムのスパイダーを比較すると、さらに差は開くだろう。これら以前のフェラーリも、公表された車重の信憑性は似たようなものである。

よく揶揄（やゆ）されたイタリア馬力は最近是正されたものの、背伸びをしていた名残が、まだこんなところにある。

V8は360以降、12気筒は599から、モデル末期に軽量バージョンが投入される。それらに共通する手法は、内装の遮音材はすべて剥がし、アンダーパネルやウィンドーはカーボンやレクサンなど、高価だが軽量な素材を惜しげもなく用い、まるで己の身を削り取るような手法で達成している。その結果、よくも悪くもだが、サスペンションの章で解説している通りの、ベースモデル固有の特性が強調される操縦性となり、腕に覚えのある人ならば、これは痛快と感じる仕上がりとなっている。

458や488など最近のスパイダーモデルは、公称、実測値共にベルリネッタモデルより50kg重い。それは可動式ルーフと、それを駆動する機構の重さなので、重量増加分はボディー上側に集中し、例えるとベルリネッタの屋根付近に50kgの重りを乗せたのと同じ状態になる。それは両モデルを乗り比べると重心位置の違いが分かるレベルで、スパイダーの方が明らかに重心が高い動きをする。やはりスポーツ性を求めるのであれば、ベルリネッタモデルであると改めて思った。

拡大する新車オプション

オプションを選択できることは、新車をオーダーする人の特権であるが、昔のフェラーリは設定が少なかった。1990年代以前のモデルで選択できたオプションは、1960年代後半がクーラー、1970〜80年代後半にかけては、前後スポイラーなどの外装部品程度である。

1990年代前後は、328や512TRのABSシステムや、F40の車高を変更できるリフティングシステムなど、電装系の機能部品がオプションに加わり、他にはホイールや、トランクに収まるよう製作されたスケドーニの鞄なども存在していたが、これらの装着率は低かった。

素っ気ないほど少ない当時のオプションには、創業者エンツォ・フェラーリの頑固とも言える哲学を感じる。製品の完成度に自信があるから、オプションで選択する部品は不要と解釈したい。

それが一転し、1990年後半のF355最終型以降は、オプションが増加していく。当時を思い返せば、フェラーリの車作りが360の登場で根本から変わる前夜であり、エンツォ・フェラーリ亡き後の急激な方針転換は、F355のオプション設定から始まっていた。カーボン製のリクライニング付きバケットシートと、F355チャレンジとともに登場したチャレンジグリルの2点は早い時期から存在していたが、1998モデルからは、かつてはスペチアーレだけに装着されていたフロントフェンダーの七宝エンブレム、4点式のロールバー、内装の革を縫製するステッチの色、ボディー同色のルーフ（GTS。それまでは黒しか選択できなかった）などが一気に追加され、これらは現行モデルでも定番の品である。

さらに、1990年代後半〜2000年代前半のF355や550系では、フィオラノ・ハンドリング・パッケージ（以下、FHP）が設定され、それは、ノーマルより固くてクイックな足回りと、強化されたブレーキのセットである。構成部品は、ステアリングギアボックス、パワステポンプ、スタビライザー、サスペンションスプリング、ドリルドブレーキローター、ブレーキパッド、ブレーキキャリパーなど、かなり広範囲にわたる。

F355前期型の頃には存在しなかったので後から装着することが流行し、当時FHPキットは200万円台後半だったと記憶している。現在は同じ品を揃えようとすると、2倍くらいの価格になるため、後付けは現実的でなくなった。

フェラーリの内装オプション部品は、革にカーボン素材や金属を組み合わせることが多く、レーシングカーのようなスパルタンさと高級感を絶妙にミックスし、この部品を付けたいと思わせる演出がうまい。なかでも、カーボンと革の組み合わせで作られたスポーツシートと、革製のロールバープロテクターのいずれも、レーシングカーと高級車の両方を熟知していないと思い付かない仕立てである[Fig. 6-20]。

ロールバーは、F355チャレンジのロールバー後ろ半分と同等の本格的な造りで、ボディーに溶接された箱型の土台にボルト止めされる。

フロントフェンダーの七宝エンブレムは、型を用いてフェンダーをエンブレムの形に凹ませた後に装着される。そのため、この2点は後から装着すると、鈑金や溶接を要する大掛かりな作業になる。

360のオプションは、F355の最終型と同じような内容に、パワーシートとブレーキキャリパーの色の選択が追加された。

F355のロールバーは鉄材質で作られていたのに対し、360以降はアルミ製の、いわば飾りである。そのためボディー剛性アップは期待できず、4点シートベルトを追加する際のポイントとしても使用できない。

360の最終にストラダーレが登場し、「第三章　カロッツェリア」で詳しく述べたストライプラインも加わった。

他にも、レクサンという材質を用いて360チャレンジと同形状に製作された、左右ドアのスライドガラスも選択できたが、並行車限定のため非常に台数が少ない。これはスパルタンなストラダーレをさらにレーシングカーのように演出する逸品であった。

F430以降は、さらに多くのオプションが追加され、私のような新車販売に携わることがない人間には、すべてを把握しきれないほどである。

追加されたのは、内外装のカーボン部品、カーボンブレーキ（F430、599、612、カリフォルニア）とホイールなど。チタン素材を用いたキャップなどの小物も増えた。滅多に見かけないが、外装の特別色も存在する。

オプション部品の後付けは、F355の時代ほど簡単にはいかない。特にF430のリアチャレンジグリルを後付けするには、同時にバンパー交換も必要である[Fig. 6-21]。

F430以降のオプションで私が逸品だと思うのは、シフトインジケーター付きのカーボンステアリングである[Fig. 6-22]。

最近のフェラーリは、全開加速時にメーターを注視する余裕がないので、シフト時期を知らせるインジケーターは実用性が高く、スパルタンなデザインは特にV8モデルと相性がよい。

現在では、新車オーダー時に注文されるオプション総額は簡単に200万円を超え、すべて装着した上に外装の特別色まで選択すると、1000万円をも超える勢いである。

内外装の色、ステッチの色と、これらのオプションを組み合わせることで、同じモデルでもバリエーションが豊富になるため、自分だけのオリジナルフェラーリに仕立てる過程の楽しみは、新しいモデルほど増している。

だがそれは、中古市場に同一モデルでも数多のバリエーションが並ぶことになるので、今後のフェラーリ中古車選びは、イメージ通りの個体を探し当てる難易度が高まることを意味する。

定期メンテナンスの勧め

フェラーリは、特に不具合はなくても定期的なメンテナンスを行うことが重要である。

それは、これまで具体例を挙げてきた通り、高頻度のメンテナンスと引き換えに、高性能を実現している構造が多いためである。全般的に消耗品の交換サイクルは、一般的な乗用車の半分くらいという認識で、ちょうどよいと思う。

さらに、オイル類やタイミングベルトなど、時期が来れば交換指定されている部品以外も、作業が必要かどうか劣化の見極めを適切に行い、車のコンディションをトータルで把握しておくことが重要になる。それは、小さな綻びから連鎖し、大きなトラブルや性能の劣化に繋がるケースを、何件も経験しているからだ。

オーナーさんは調子がよいと思っていても、機械的な不具合が隠れているケースもあり、車両コンディションの良し悪しに関する認識は、オーナーさんとメカニックの間で隔たりを感じる。つまり、オーナーさんは主に運転時の操作感や、常に目に入る内外装の状態が評価の大半を占めるのに対し、メカニックは、下回りから始まり機械的なことを中心に点検するため、視点が違うからだ。

そのため、定期的にフェラーリに長けたメカニックに点検させ、機械的な現状を把握させておいた方が将来的なメンテナンススケジュールを立てやすく、結局は維持にかかる手間や費用を節約できる。

他にも、性能のピークを維持するには割と最近のモデルでも、部品の交換だけではなく調整作業が重要なことを、ここまで読み進めればご理解頂けていると思う。

以上をまとめると、フェラーリを触るメカニックに必要な事柄は、ノウハウを基に車トータルのチェックができ、被害が拡大する前に不具合を早期発見して対処できること、現在のモデルでも欠かせない調整作業を、的確に行えることである。さらに、触る対象が新車時の状態を記憶している人ならば、これでよしとする仕上げの基準が明確である。

意外と要求レベルが高いので、触る人のスキルがクオリティーの差となって大きく表れる。これらを知っている人と知らない人が、たとえば同じモデルを1台ずつ、専任で5年間触っていたとすると、おそらく5年後の2台の程度の差は歴然としているであろう。

純正部品・社外部品・ワンオフ部品

メンテナンスには欠かせない部品であるが、フェラーリの場合は生産、流通が国産車とは大きく異なり、価格も高い。それらの事情や入手性、ルートなど、独特な事柄を選び、以下述べてみたい。

部品価格……………………………… フェラーリの部品は、たとえば国産車の同じ機能をする部品と比べ、大体5～10倍の価格設定である。一例を挙げると、360やF430のクラッチ交換に要する部品代は、レリーズベアリングやストロークセンサーを含めると、現在はトータルで70万円をオーバーする。

高性能を実現するためコスト上昇には目をつむり、よい材質や高精度の加工

を優先した部品が多く存在すること、生産台数が少ないので開発費や設備費等の、材料代以外の製造原価を割る分母も少なく、量産効果が見込めないなどは、これまでの章で述べてきた通りだ。

「何でそんなに部品が高いの」「もっと安くならないの」と言われることは多いが、それは本末転倒である。新車時の車両価格を思い出して欲しい。当然だが部品の集合体が車両なので、構成している部品が高額なら、完成品も高額という単純なことである。

また、壊れた時に交換する部品の価格と、その車の中古相場価格にはまったく関連がない。たとえ何百万円かで販売されている中古車でも、「第二章　トランスミッション」でも触れたが、極端な例として、最近では500万円くらいで売られている456GTAのオートマミッションが壊れると、部品代が1000万円かかるケースもあるように、部品代は新車時の車両価格がベースになっている。そこは壊れた時に慌てるのではなく、購入前に情報を収集し覚悟しておくべき事柄である。

また、購入するルートや時期で大きく金額が上下することも、フェラーリ部品の特徴である。ルートにはディーラー経由と並行輸入の2通りあり、さらに仕入先それぞれの価格設定と、通貨の為替レートの両方が影響する。

以前は並行部品が割安で有効な選択肢であったが、現在は国別の価格差が以前より縮まっている上、以前ほどの円高ではないため、品によっては国内定価の方が安いケースもあり、無条件に「並行＝安い」ではなくなった。

購入時期による金額の変動には法則があり、おおむね現行車の頃がいちばん安く設定され、同じ部品でも年々価格が上昇し、生産から20年経過するあたりでピークとなる。

すべての部品が一定の率で上がるわけではなく、ガスケットやベルト類など交換頻度が高い部品の上昇は緩く、交換頻度が少なく単価が高い品、たとえば電子制御系のコントロールユニットの上昇率は高く、突然2倍に値上がりして驚くことも多い。

そのため、記憶に頼って見積もりすると、知らぬ間に価格が上がっていて慌てることになるので、部品屋さんは大変だと思うが高額部品に関しては、いちいち見積もりを行うようにしている。

反対に、生産から20年を超えると、品により一気に価格が下がる。その代わり、生産終了した内外装の部品は、入手不可能なものが出てくる。

今までモデルを問わず、ほぼ同じような傾向で上昇していたので、ストック品には管理費を定期的に上乗せして価格改定する結果だろうと想像している。

おおむね20年を超えると、その部品の製作権は外部に譲渡されるので、今まで上乗せされた管理費分がリセットされ、新規に価格の再設定を行うと考えると、20年を超えると品により価格が一気に下がる現象も納得できる。

だから、現在は部品価格でいちばん苦労するモデルはF355や360だ。そろそろ入手不可能な部品も増えてきので、心して維持されたし。

入手性と選択基準 ……………………… フェラーリの場合、ガスケットやシール類など機関の保守部品は、時間はかかったとしても入手不能なケースは稀である。特に最近は、メーカー主導でレストアを支援するクラシケのお蔭か、内外装部品を除くが以前より旧車部品の供給がよいという、驚きの現状である。

私が触る機会の多い旧車は1960年代あたりまで、車種でいうと250系の最後くらいだが、エンジンのメタルやピストンリング等も含め、機械部品の消耗品に関しては幸いなことに、今まで入手不可能なことはなかった。稀にフェラーリオーナーさん所有の、1960年代前後に生産された国産旧車の整備を依頼されることもあり、そちらの方が部品入手に困るほどである。フェラーリは自分たちの作品に絶対の自信を持ち、オーナーさんの元にありながらも後世に残すことを考えているのであろう。

経年につれ、年式や仕向け地別の細かい種類は統合されるものの、オーダーが溜まるごとに再生産を繰り返し、おおむね20年以降は、上記で触れた通り外部委託のような形式で生産は続けられる。

旧車の場合はさらに、純正部品以外にも社外の補修部品が充実しているので、特にエンジン関係は40年前のモデルでも、どのメーカーで生産された部品を用いるか、選択可能なほどである。そんなに販売数は見込めないであろうから、フェラーリに関わる部品メーカーは、採算を度外視してもフェラーリ用の部品製造に誇りを持っているとしか思えない。

ただ、ガスケットひとつ取っても製造者の違いで品質差が大きく、見た目が同じでも寿命はまったく異なる。さらに複雑なのが、旧車の場合は純正部品だからといって、必ずしも品質が最良とは限らないことだ。そのため、部品メーカーの選択には目利きとノウハウが必要になり、たとえばエンジンを1基組み立てる際、私は3社以上の製品を入手性も勘案し、適材適所で使い分けることが多い[Fig. 6-23]。

最近のモデルでも、社外の純正互換部品は増加しているが、私の場合は選択の傾向があり、1980年代を境に、それ以前のモデルには積極的に使い、以降の車には使わないことが多い。それは、全般に1980年代以降のモデル用は、純正の方が品質は優れ入手性も悪くないからだ。これは前に触れた、フェラーリの機械加工精度が劇的に向上した時期と一致し、それ以降の部品は簡単に模倣できるレベルでなくなったことを意味する。その傾向は、新しいモデルほど顕著である。

そのため、最近のモデル用を謳う社外品は、純正品より販売価格を下げることが主目的で、コストをかけずに造られた品が多いと感じる。実際に色々な社外品を使った結果、なかには粗悪な品もあり、取り付けに難が出る、寿命が短い等の失敗を経験した上で、そのような考えに至っている。

だが、いくつかの条件をクリアした上で、あえて社外品を選択するケースもある。それは、たとえばF1システムの油圧ポンプ等、純正と同一品と確認できたOEM品や、他メーカーでも採用された同一部品の方が安く購入できる場合、あと生産終了で選択肢がない場合などである。

上記の基準で部品を選択したら次に発注するわけだが、部品屋さんごとに国内、海外を問わず複数の独自ルートを持つので、同じ品でも金額がバラつくことや、どのモデルに重きを置くかで得意、不得意が生じるため、重整備で部品点数が多い時は1台の車に使う部品でも、何社にも分けて発注することが多い。海外生産された品を輸入して販売する、輸入車特有の事情である。

タイミングベルトやクラッチなど使用頻度が高い部品は、大体どの部品屋さんでも1～2日の間に揃えられ供給が早い半面、エンジンやミッションをバラバラに分解して組み立てるような重整備の場合は、すべての部品をストックしている部品屋さんは、ディーラーも含めて皆無な上、本国イタリアにも在庫がなくバックオーダー（再生産待ち）になる部品が、ほぼ確実に何点か発生する。

バックオーダーから届くまでの期間は、F355以降が大体2～3ヵ月、それ以前のモデルは半年前後待つ例が多かった。いずれ揃うものの、期間はオーナーさんの想定より遥かに長い。フェラーリのメンテナンスに時間がかかる理由のうち、大半が部品の待ち時間である。

部品屋さん選びの基準 ………………… フェラーリの部品は、「第三章　カロッツェリア」で触れた通りボディー関係の品質差が大きく、新品でも当たり外れが存在する。さらに、保管状況が原因と見られる、出荷前に重ねて置いてあったような傷は珍しくない。そんな部品をコンテナに詰め、はるばるイタリアから運ぶため、箱の凹み程度は日常で、なかには輸送中に破損した例もあり、長距離輸送のリスクを伴うのも特徴である［Fig. 6-24］。

これらの要素が複合し、たとえばバンパーなどFRPの品は、ひとつも欠けがなく入手できる方が稀なくらいで、ガラスや外装のモール関係は、取り付けできないレベルの傷を発見することが少なくない。

他にも、旧いモデルでは、細かな年式や仕様を先方が把握していないために、依頼と違う部品が届くこともある。この場合、部品屋さんに知識がないと海外の出荷元に押し切られるケースが多く、問い合わせても「これで合うはずだ」で済まされてしまう。フェラーリの場合、部品を扱うにもプロとしての知識が重要である。

最近は少しずつ改善されているが、出荷から輸送の時点で上記のような状況のため、部品屋さんに対し不良品の返品や交換は少なからず発生するので、購入先の選択は、目先の安さより一定以上の品質が保証され、その道のプロがいる会社を選択するよう心掛けている。

賢い部品流用術

あくまでも日々の的確な診断と作業が基本であるが、フェラーリ屋も競争の時代に

入ったと思い、何か特色を出そうと、他では出来ないオリジナルなサービスも考えるようにしている。私は社外の部品やチューニングに興味が向かず、普段のメンテナンスでクオリティーを落とさず費用を抑える方法を探すことが多い。

工賃を安くする（＝作業時間を短縮する）のは、毎日フェラーリばかり触り慣れていると、さほど削る余地がない。ならば部品はどうかと価格を抑える試みを続け、成果が出てきたので、そのうちの何例かを紹介してみたい。

フェラーリ内製ではなく、外部から納入し他メーカーでも採用されている部品は意外と多く、同じ品でもメーカーにより価格設定が大幅に違うので、そこが狙い目である。

デンソー製品……………………………… 1990年代より、デンソー製品がオルタネーターやセルモーターに使われている。一度試してみたのだが、デンソーに直接問い合わせ、車種を言わずにオルタネーターに書いてあるデンソー型番を読み上げたところ、ライセンスの関係だろうと思われるが、アッセンブリーの供給は断られてしまった。だが、いったんイタリアに渡りフェラーリの箱に入ると、国産車向けと同等の品が、物により4～5倍の価格に跳ね上がることには理不尽さを感じ、さらに調べてみた。

すると、アッセンブリーは専用でも、内部に使われる部品は汎用性が高く、それを取り寄せれば分解修理が可能と分かった。程度により金額は変わるが、純正新品価格の1/3前後で済むようになった。

エアコンのコンプレッサー …………… エアコンのコンプレッサーは、1980年代までがヨーク、1980～90年代がサンデン、現在はDELPHI製である。純正新品で手配すると平均40万円前後、特に高いのはF355で50万円オーバーという、なかなかの高額部品である。

さすがにヨークは部品供給が厳しくなり、それなりに金額も高くなってしまったが、サンデンやDELPHIは、コンプレッサー部だけ取り寄せ可能で、その場合、純正新品価格の1/4～1/5である。

なかには、マグネットクラッチのコイルが焼き切れた例もあるが、プーリーやマグネットクラッチの単品入手は専用品のため難しい。その時は、コイル巻き直しというレトロな手法で対処している。

マセラティで使われる同一部品 ……… 他メーカーでも使われる同一部品の流用は有効である。マセラティは特に、内製品でもフェラーリと共通の部品が多く、品によっては部品番号まで共用するので、探す難易度も低い[Fig. 6-25]。

しかも、マセラティは維持費の高さが大問題になったのか、かつて部品価格の大改定を行い、一気に3割程度の値下げを行った経緯がある。そのため、同じ部品番号で中身はまったく同じでも、フェラーリ箱かマセラティ箱かで3割ほど価格が異なるという、奇妙な現象が起きた。これを有効に使わない手はなく、主にオートロックを作動させるアクチュエーターやF1システム関連の部品は、マセラティ経由で入手している。

もっとも恩恵を受けられるのはF1システムのポンプだ。360に使われるポンプは、ここ何年かで急激に3倍もの価格になり、現在は30万円オーバーである。それがまったく同じ品でも半額以下で済むのである。

以上のような、純正の品質と同等の流用部品には、これからも力を入れていきたい。調べるための労力を少し使うことで、オーナーさんには安く部品を提供でき、こちらは需要を創出できる。そんな、お互いメリットになる事柄を考え続けることが、今後も生き残る秘訣ではないかと考えている。

メンテナンスは金と時間がかかるというイメージの原因

私が業界に入ったバブル期の当時は、メンテナンス費用はおそろしく高額であった。現在よりも格段に車両の信頼性が低い事情もあったが、現在より圧倒的に定期交換部品の点数が多く、フェラーリ12気筒の車検で請求額は100万～200万円あたりが多かった記憶だ。振り返れば、とんでもなく景気がよかった時代ならではの現象である。

その後、フェラーリのメンテナンスを謳う小規模な工場が一気に増えた後、景気が悪くなるにつれ、その一部を残し淘汰が進んだ。首都圏のディーラーは長年1

社だったのが3社になり、ついにフェラーリ業界も大規模な工場同士の競争になりつつある。

さらに、F355をターニングポイントに、フェラーリオーナーの裾野が一気に広がったこと、ネットを活用した情報共有が容易になったことも要因であろう。最近の傾向は、頻度が多い作業、たとえばクラッチやタイミングベルト交換工賃に関しては、実はディーラーでも割高には設定されていない。一応、ディーラーの交換工賃はリサーチしているつもりだが、いつのまにかディーラーの方が安くなっている時もあり、業界の工賃設定は15年以上前から下落傾向にある。

台数が少ないから単価を上げ利益を確保する手法、昔よく言われていた「フェラーリ価格」は、もう過去の話だ。

内側から業界を見ると上記の現状であるが、時間がかかり工賃も高いというイメージを持つ方が相変わらず多く、直す側とオーナーさんの感覚に大きなギャップを感じる時もある。

工賃の謎

部品に関しては前項で述べたので、以下は工賃に関して思うところを述べてみたい。私の仕事スタイルを基本とした主観的な記述になることを、ご理解の上お読み頂きたい。

作業工賃の根拠……………………………作業工賃の計算基準は、基本作業時間×時間当たりのレートのため、工賃が高い作業は、単純に時間がかかる作業である。

たとえば、F430等のクラッチ交換と、付帯するテスター設定作業は、弊社の工場では、工賃が現在15万円である。国産車で同等の作業を行う感覚では、かなり高額と思われるかもしれないが、実作業時間が大体2日前後になり、時間当たりの工賃レートは1万円なので、8（時間）×2（日）×1万円で16万円だが、実際は他社の価格との兼ね合いで、気持ち安く設定している。

時間がかかるということは、当該の部品交換を行うために、周辺部品を多く取り外す、交換後の調整など付帯作業が多いからである。

同じF430で例を挙げると、ミッションを降ろすには、ディフューザー、マフラー、エアクリーナーボックス、エンジンルームのサブフレームを外さなければならない。これは、メンテナンスの時間は「多少」長くなったとしても、性能向上を優先させるという、フェラーリのコンセプトがもたらす現象で、フェラーリを選択することは、それに賛同したと同義であることを、まずは理解して頂きたい。

診断作業・調整作業の工賃 …………… さて、工場により金額が大幅に異なるのもフェラーリ業界の特徴であり、その理由を考察してみたい。一口に作業といっても種類があり、単純に部品を交換する作業、故障原因を突き止める診断作業、感覚的な判断が必要になる調整作業の3種類に分類できる。

部品の交換時間だけ比較すると、工場により何倍もの差は開かないのに対し、故障診断や調整作業にかかる時間は、ノウハウの蓄積や構造理解の度合い、即ちメカニックのスキル次第で、時には何十倍にも差が開く。さらに、会社により診断や調整に要した時間を、どの程度工賃として請求するか考え方が違うので計算方法は異なり、上記の理由が複合して価格差は大きくなる。

ということは、診断に要した時間工賃もすべて請求する方針の会社で、なかなか原因を突き止められないメカニックが作業すると、工賃が高くなる。これには矛盾を感じるが、オーナーさん同士の情報交換が普通になった昨今では、自然と淘汰されていくであろう。

旧車という認識が薄い

製造されて年数が経つと故障率が増加する上に、部品の疲労や錆び付きなどが原因で脱着が困難になり、新車時より作業時間は増加していく。また旧いモデルほど、部品の入手に時間がかかることは、部品の項で述べた通りである。

だがフェラーリの場合、旧いモデルでもそう思われていない点が独特で、オーナーさんとのギャップを感じるケースが多い。私は、20年経てばクラシックカーの仲間入りで、自ずと取り扱い方や時間の感覚も変わると思っているのだが、たとえば30年前の328などでも、現代の車と同様な感覚で催促されることが多く、それは

デザインの優秀さゆえに旧く見えないため起こる、フェラーリ特有の現象なのだろう。

F355のオーナーさんに、「何で部品が来ないの？」と聞かれた際、「もうクラシックカーですから、現在の車のようには……」と返すと、たいていの場合苦笑される。これを書いている時点で、F355の登場から30年近く、割と新しく見えるF430も初期型は15年を超えている。

生産終了から10年以上経った車の部品を速やかに手配することや、経年に応じ全体的に劣化した車両を労わり、慎重に分解組み立てするのは難易度が高い。その点はご理解頂きたいとつねづね思っている。

以上、メンテナンスする側の視点から述べたが、それを理由に時間やお金を無駄にかけてよいとは、決して考えていない。

とはいえ私のスタイルは、1回の作業に時間をかけ車トータルの完成度を上げることで、本来のフェラーリを楽しんで頂くことや、次のメンテナンスまでのインターバルを少しでも長くすることである。

結論としては、オーナーさんにはフェラーリの特殊事情に理解を頂き、メンテナンスする側も、時間や費用を抑える努力を、終わりなく続けるしかないと思っている。

安い車には訳がある

私のようなメンテナンスを仕事とする者に車を探す依頼が来る時は、たいてい他の車屋さんに一通り聞いた後に、希望のモデルが希少過ぎて、いくら探しても見つからないか、予算的に折り合わないため、もう少し安い車の情報がないかの、どちらかである。

後者で多いのは、10年以上前のV8モデルが対象で、そこそこの程度でよいから、相場より100万円くらい安く見つからないかという内容である。それは、一見賢い車探しのようで実は違う。

各章で何回も述べている通り、頻繁なメンテナンスが必要なフェラーリは、これまでの扱い、触っていたメカニックのスキル、前オーナーのメンテナンスに対する理解度などが複合し、個体により程度は千差万別である。そのため、国産中古車の広告のような、年式や距離、グレードを羅列しただけの記号的なものは、必ずしも通用しない。

また、需要と供給のバランスを考えれば分かることで、相場より少し安いという、需要側にライバルの多い価格帯は、相場との差額以上に車の程度（=価値）は落ちるので、安い車には理由がある。前オーナーが手放したのは、何か解決が難しいトラブルを抱えているのではないかくらいに考えた方がよい。

特に、エンジン本体や、変速システムのF1やDCTにトラブルを抱えていると、修理が高額になるケースが多い。360以降はエンジンが丈夫になったので、ギアの入りが悪い、クラッチが滑るまで減っているなど、変速システムの問題が圧倒的である。レアなケースでは、F355F1システム装着車で前オーナーがリアをぶつけたのか、バンパーに内蔵されるF1システムのアクチュエーターが破損していて、交換を余儀なくされた例もあった。ちなみに、この時の部品代は250万円である。

車両本体と修理費用のトータルが、高くても程度がよい車の価格を簡単に超え、そちらを買っておけばよかったという結果になりがちである。

まだ機械的なトラブルならば修理をすればよいのだが、悲惨なのは修復歴が見つかった場合で、車両価値は何百万円単位で下がり、いざ売ろうとしても金額が全然合わず難しくなる。

最近ではオークションや個人売買が充実し、車屋以外からの入手手段は増えたが、フェラーリの場合は必ずしもそれがよいわけでなく、上記のようなババ抜きのJOKERのような車が、少なからず出回っているのが悲しいかな現実である。

そんな車をだましだまし乗るのは、フェラーリ所有という記号的なステータスは満たすかもしれないが、繊細な事柄を積み重ねたバランスで成り立つフェラーリの本質を味わうことにはならない。

原本

あとがき

Poscritto 1

ここに至るまで文字数も膨大であったが、書いては直しを繰り返したため、実は約4年の期間を要している。

書き上げた時の爽快感は、きっとたとえようのないものであろうという、途中での想像と実際とは違っていた。解放感は半分で、まだ書きたいという気持ちが大きく、意外である。

私のHPを読まれた方は、それと今回で大きく文体が違うことに、違和感を覚えたかもしれない。これは、言葉で遊ばず機械の解説に徹し、部品単位からの解説を積み重ねることで、各モデルの特徴やフェラーリ社の方向性まで浮かび上がらせることを主目的とした結果だ。また、自分の言葉の範囲で無理をせず、言い回しを短く簡潔にすることで文字数を抑え、できるだけ内容を詰め込むためでもあった。拙い文章であるが、以上の意図を汲んで頂けたら幸いである。

また、情報源の究極は本であると私は思っている。整備業界においても、サービスマニュアル然り、材料の規格書然り、最重要な1次資料は本でしか入手できない。本は今後も重要な情報源として在り続けるであろう。

それを踏まえ、HPでは踏み込んで書かなかった事柄についても、出し惜しみせず書き切ったつもりだ。これがよくも悪くも私の持つ知識すべてである。

莫大な情報量に埋没し、急速に価値を失うインターネットのコンテンツと違い、苦労して書いた成果が物体として永遠に残ることは、素直に嬉しく、誇りに思う。

講談社の担当である園部氏に「よくぞきっかけを下さいました」「よくぞここまで待って下さいました」と厚く御礼申し上げたい。

もし次があるとすれば、普段の私のような、もう少し力を抜き飄々とした語り口で、他では読めない内容を綴ることや、折角の写真を活かした画像主体の構成などにチャレンジしてみたい。

そのためには本書で結果を出さなければいけないのだが。

最後に少々悲観的な話であるが、「エコ」という名の商品群が10年ほど前から続々と出現し、真っ先に車はその言葉で埋め尽くされてしまった。それらと正反対の存在であるスーパーカーは、一般的には高価なうえに資源を浪費する悪者のように思われているのが心配である。また、若い人たちの車離れも深刻で、とくにスーパーカー業界は、買う側も直す側も同じ世代の変わらぬ顔ぶれが、お互い年を取りながらも支えているのが現状だ。

スーパーカーを含めたスポーツカーは、いかに楽しく車をコントロールしながら運転できるかを追求した文化の産物であり、その頂点はまぎれもなくフェラーリである。それに今までの人生の半分以上携われたことにも誇りを持ち、これからも力の限り続けるつもりだ。

ここまで長々と機械的なウィークポイントを連ねてきたが、話は本書の冒頭に戻る。繊細で取り扱いが難しい素性のデメリットを許容できるなら、とびきりの刺激と充実感を与えてくれるのがフェラーリである。その楽しさをひとりでも多くの人たちに味わって頂けたらと願う。

2017年6月20日　　　　平澤雅信

増補改訂版 あとがき

Poscritto 2

今回は前著の雛型があったため、執筆といってもその推敲作業が大半であり、以前のように0から1を生み出すほどの苦労はしなかったが、書き終えた時の感想は以前と同じで、時間が許す限り、文章や写真の追加や変更など、あれこれ手直しを続けたいという気持ちが大きかった。

書くにあたってのプレッシャーは、はじめにで述べた通りだが、それを補って余りあるのが、「本を読みましたよ」と声をかけて頂けることであり、私が寿命を迎えたあとでも、いつ消えてしまうか分からないサーバー上の記事とは違い、書物は物として存在し続けることだ。

そんな大げさなと笑われるかもしれないが、今まで会社を転々としながらも30年を超えフェラーリに触ることに拘り続けた、そんな私の生きた証が本書である。

講談社さんと担当の園部氏には、今回も厚く御礼申し上げたい。

これまでを振り返ると、仕事が忙しいとか、テンションが上がらず文章が書けないとか、まあ我儘な理由で執筆を中断してばかりで、振り返ると前著が世に出たことが不思議なくらいであった。

園部氏は、本年定年退職されるとのこと。これまで数多の作家さんと応対してきたご苦労が偲ばれる。

前著では締めくくりで悲観的な話になってしまったが、明るいきざしもある。それはフェラーリが、年々厳しくなる排ガス規制に対応しながらも、それを上回る技術の進化でパワーアップを実現し、よりエキサイティングになっていること。また、興味を持って実際に所有する若者が、全体のフェラーリオーナーの中での割合は少ないが、着実に増えてきたことからそう思うようになった。

そして最後のメッセージは敢えてオリジナル版と同じとしたい。
ここまで長々と機械的なウィークポイントを連ねてきたが、話は本書の冒頭に戻る。繊細で取り扱いが難しい素性のデメリットを許容できるなら、とびきりの刺激と充実感を与えてくれるのがフェラーリである。その楽しさをひとりでも多くの人たちに味わって頂けたらと願う。

2022年2月　　　　平澤雅信

平澤雅信
（ひらさわ・まさのぶ）

1968年生まれ。
現在、アリアガレージ工場長。
フェラーリ専門店で30年以上、
フェラーリの整備・修理に従事する。
レース・メカニックにも携わる。
フェラーリのメカニズムや
トラブルの解説を懇切丁寧かつリアルに描いた
HP「ハネウマナイネンキ」で公開し、
好評を博す。
趣味は、アンプ製作、神社探訪、釣り。

増補改訂
フェラーリ・メカニカル・バイブル

2022年4月26日　第1刷発行

著者……平澤雅信

発行者……鈴木章一

発行所……株式会社講談社
東京都文京区音羽二丁目12-21
郵便番号 112-8001
電話　編集　03-5395-3512
　　　販売　03-5395-4415
　　　業務　03-5395-3615

印刷所……半七写真印刷工業株式会社

製本所……株式会社国宝社

ブックデザイン……宗利淳一

ISBN978-4-06-527032-5　N.D.C.537　350p　21cm